くもんの小学ドリル

がんばり3年生 学習記ろく表

名前

JN051735

1	2	3	4				8
9	10	11	12	13	14	15	16
17	18	19	20	21	22	23	24
25	26	27	28	29	30	31	32
33	34	35	36	37	38	39	40
41	42	43	44	45	46		

1さつぜんぶ終わったら、
ここに大きなシールを
はりましょう。

あなたは
「くもんの小学ドリル　学力チェックテスト　3年生　算数」を、
さいごまでやりとげました。
すばらしいです！
これからもがんばってください。

1 2年生のふく習(1)

かんせい🕐
目ひょう時間
20分

● ふく習のめやす
2年生の学力チェックテストなどで
しっかりふく習しよう！

0点 ─── 80点 ─── 100点

合かく

合計
とく点 ／100点

---

1 つぎの□にあてはまる数を書きましょう。 〔1問 4点〕

① 1000を2つと，10を6つあわせた数は □ です。

② 4999よりも1大きい数は □ です。

③ 6000よりも1小さい数は □ です。

④ 3500は100を □ あつめた数です。

---

2 □に，＞か＜を書きましょう。 〔1問 4点〕

① 584 □ 583

② 1401 □ 1420

③ 46 □ 18＋25

④ 52－28 □ 25

---

3 つぎの計算をしましょう。 〔1問 5点〕

①
```
  39
＋24
```

②
```
  78
＋35
```

③
```
  127
＋ 64
```

④
```
  75
－36
```

⑤
```
  111
－ 57
```

⑥
```
  358
－ 29
```

1

4 つぎの□にあてはまる数を書きましょう。　〔1問ぜんぶできて　5点〕

① 1cm5mm ＝ ☐ mm

② 126cm ＝ ☐ m ☐ cm

③ 2m50cm ＝ ☐ cm

5 みかんがりに行ってきました。となりの家に25こあげたので，のこりが48こになりました。
　みかんは，はじめになんこありましたか。　〔8点〕

 式

答え （　　　　　　　）

6 下のようなはこがあります。これを切りひらくと，下の⑦，⑦，⑦のどの形になりますか。（　）に，⑦〜⑦の記号を書きましょう。　〔1問　5点〕

①
（　　　）

②
（　　　）

③
（　　　）

⑦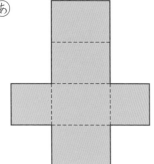

⑦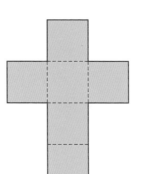

⑦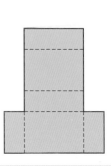

かんせい 🕐
目ひょう時間
20分

●ふく習のめやす
2年生の学力チェックテストなどで
しっかりふく習しよう！

合かく

0点 ーーー 80点 ー 100点

合 計
とく点
／100点

1 つぎのかけ算をしましょう。　〔1問 2点〕

① 6×7　　　　② 3×6

③ 8×4　　　　④ 9×7

⑤ 7×5　　　　⑥ 5×6

⑦ 2×9　　　　⑧ 7×8

⑨ 10×3　　　　⑩ 6×12

2 つぎの□にあてはまる数を書きましょう。　〔1問ぜんぶできて 5点〕

①　20dL = [　　　] L　　　②　1 L 5 dL = [　　　] dL

③　1 L = [　　　] mL　　　④　36 dL = [　　　] L [　　　] dL

3 つぎの形の名前を（ ）に書きましょう。　〔1問 5点〕

①

②

③
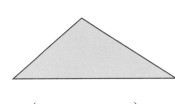

（　　　　　）　　（　　　　　）　　（　　　　　）

4 みなとさんは，2時20分から2時45分までテレビを見ました。テレビを見ていたのは何分ですか。 〔5点〕

(　　　　　)

5 色紙が100まいあります。15まいつかうと，のこりは何まいですか。

式

〔10点〕

答え (　　　　　)

6 辺の長さが5mの正方形の形をした花だんがあります。この花だんのまわりの長さは何mですか。 〔10点〕

式

答え (　　　　　)

7 チョコレートが20こあります。これを3人で6こずつ分けると，のこりは何こになりますか。 〔10点〕

式

答え (　　　　　)

8 1まい8円の色紙を5まいと，70円ののりを1こ買いました。何円はらえばよいでしょうか。 〔10点〕

式

答え (　　　　　)

き本の問題のチェックだよ。
できなかった問題は，しっかり学習してから
かんせいテストをやろう！

| 合 計 とく点 | /100点 |

かんれん
ドリル

●数・りょう・図形　P.7〜16

---

1 〈5けたの数の位どり〉
つぎの数を見て答えましょう。　　　　　　〔1問　5点〕

/10点

47829 　① 千の位の数字を書きましょう。　（　　　　　　）

　　　　　② 4は，何の位の数字ですか。　（　　　　　　）

---

2 〈位のあらわす数の大きさ〉
つぎの数を見て答えましょう。　　　　　　〔1問　5点〕

/10点

56248 　① 6は何が6つのことですか。　（　　　　　　）

　　　　　② 5は何が5つのことですか。　（　　　　　　）

---

3 〈8けたの数の位どり〉
つぎの数を見て，①〜④の数字の位を書きましょう。　〔1問　5点〕

/20点

46082573

① 8……（　　　　　　）　　　　② 0……（　　　　　　）

③ 6……（　　　　　　）　　　　④ 4……（　　　　　　）

---

4 〈大きな数の読み方〉
下の数の読み方を漢字で書きましょう。　〔10点〕

/10点

千万の位	百万の位	十万の位	一万の位	千の位	百の位	十の位	一の位
3	1	2	5	4	6	8	9

（　　　　　　　　　　　　　　　　　）

5 〈大きな数の書き方〉

つぎの数を ☐☐☐ の中に数字で書きましょう。　　〔10点〕

八千六百二十四万六千五百十二

千万の位	百万の位	十万の位	一万の位	千の位	百の位	十の位	一の位

数・りょう・図形 → 7ページ〜

6 〈数直線〉

あ，いの目もりがあらわす数を書きましょう。　　〔1つ　5点〕

あ（　　　　　）　い（　　　　　）

数・りょう・図形 → 11・12ページ

7 〈数の大小と＞，＜〉

☐にあてはまる不等号（＞，＜）を書きましょう。　　〔1問　5点〕

① 1610025 ☐ 1601025　② 743900 ☐ 744000

数・りょう・図形 → 14ページ

8 〈10倍した大きさ，10でわった大きさ〉

つぎの問題に答えましょう。　　〔1つ　5点〕

① つぎの数を10倍すると，いくつになりますか。

あ 30 （　　　　　）　い 50 （　　　　　）

② つぎの数を10でわると，いくつになりますか。

う 310 （　　　　　）　え 500 （　　　　　）

数・りょう・図形 → 15・16ページ

●ふく習のめやす
き本テスト・かんれんドリルなどで
しっかりふく習しよう！

合かく

0点　　　　　　80点　　100点

合　計
とく点

／100点

かんれん
ドリル

●数・りょう・図形　P.5〜16

---

1 つぎの数の読み方を漢字で書きましょう。　　　　〔1問　4点〕

① 153628　　　　　　　　　　（　　　　　　　　　　　　　）

② 7421536　　　　　　　　　（　　　　　　　　　　　　　）

③ 1065007　　　　　　　　　（　　　　　　　　　　　　　）

④ 24700080　　　　　　　　（　　　　　　　　　　　　　）

2 つぎの数を数字で書きましょう。　　　　〔1問　4点〕

① 十六万五千二百三十五　　　　　（　　　　　　　　　）

② 七千百十二万六千百　　　　　　（　　　　　　　　　）

③ 九百四万八千二十　　　　　　　（　　　　　　　　　）

④ 三千万六百十　　　　　　　　　（　　　　　　　　　）

3 つぎの数を数字で書きましょう。　　　　〔1問　4点〕

① 一万を6つと，千を3つと，百を5つと，十を4つあわせた数

（　　　　　　　　　）

② 一万を4つと，百を6つと，一を8つあわせた数　（　　　　　　　　　）

③ 一万を8つと，十を4つあわせた数　　　　　　　（　　　　　　　　　）

4 つぎの□にあてはまる数を数字で書きましょう。　〔1問　4点〕

① 一万を15あつめた数は [　　　　　] です。

② 千万を8つと，十万を6つあわせた数は [　　　　　] です。

③ 36000は，千を [　　] あつめた数です。

④ 百万を20あつめた数は [　　　　　] です。

⑤ 100000より1小さい数は [　　　　　] です。

⑥ 1億は，千万を [　　] あつめた数です。

5 下の数直線で，ア，イ，ウの数はそれぞれいくつですか。　〔1つ　4点〕

ア（　　　　　）　　イ（　　　　　）　　ウ（　　　　　）

6 つぎの数を（　）に書きましょう。　〔1問　4点〕

① 48を10倍した数

（　　　　　）

② 560を100倍した数

（　　　　　）

③ 560を1000倍した数

（　　　　　）

④ 260を10でわった数

（　　　　　）

⑤ 3200を10でわった数

（　　　　　）

き本の問題のチェックだよ。
てきなかった問題は，しっかり学習してから
かんせいテストをやろう！

| 合 計 とく点 | ／100点 |

かんれん ドリル

●たし算・ひき算　P.7〜26

---

1 〈たし算のひっ算〉

124＋263 の計算をひっ算でします。①から④のじゅんに□にあて
はまる数を書きましょう。　　　　　　　　　〔ぜんぶできて　16点〕

／16点

✓ ぜんぶ できたら

たし算・ひき算 **7** ページ〜

百の位	十の位	一の位
1	2	4
＋ □	□	□
□	□	□

① 263 を，124 と位をたてにそろえて，
左の□に書きましょう。

② はじめに，一の位を計算します。
　　4＋3＝7
7を一の位に書きましょう。

③ 十の位を計算します。
　　2＋6＝8
8を十の位に書きましょう。

④ 百の位を計算します。
　　1＋2＝3
3を百の位に書きましょう。

---

2 〈3けたのたし算〉

253＋326 の計算をひっ算でします。□にあてはまる数を書きま
しょう。　　　　　　　　　　　　　〔1問ぜんぶできて　7点〕

／28点

✓ ぜんぶ できたら

たし算・ひき算 **7** ページ〜

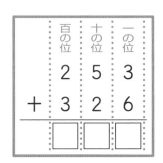

① 一の位を計算します。
　　3＋6＝□

② 十の位を計算します。
　　5＋2＝□

③ 百の位を計算します。
　　2＋3＝□

④ 上のひっ算の□に答えを書きましょう。

©くもん出版

9

3 〈くり上がりのある3けたのたし算〉

148＋235 の計算をひっ算でします。□にあてはまる数を書きましょう。

〔1問ぜんぶできて 7点〕

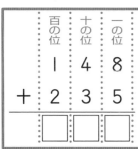

① 一の位を計算します。

$$8＋5＝\boxed{}$$

$\boxed{}$ の3を一の位に書きます。

② 十の位を計算します。

1くり上がっているので，

$$1＋4＋3＝\boxed{}$$

③ 百の位を計算します。 $1＋2＝\boxed{}$

④ 上のひっ算の□に答えを書きましょう。

---

4 〈くり上がりのある3けたのたし算〉

378＋251 の計算をひっ算でします。□にあてはまる数を書きましょう。

〔1問ぜんぶできて 7点〕

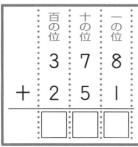

① 一の位を計算します。

$$8＋1＝\boxed{}$$

② 十の位を計算します。

$$7＋5＝\boxed{}$$

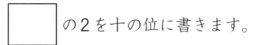

$\boxed{}$ の2を十の位に書きます。

③ 百の位を計算します。1くり上がっているので，

$$1＋3＋2＝\boxed{}$$

④ 上のひっ算の□に答えを書きましょう。

たし算

き本の問題のチェックだよ。
てきなかった問題は，しっかり学習してから
かんせいテストをやろう！

合 計
とく点 ／100点

かんれん
ドリル
●たし算・ひき算　P.17〜38

1 〈つづけてくり上がる3けたのたし算〉

265＋189 の計算をひっ算でします。□にあてはまる数を書きましょう。

〔1問ぜんぶできて　4点〕

百の位	十の位	一の位
2	6	5
＋ 1	8	9
□	□	□

① 一の位を計算します。　5＋9＝□

□ の4を一の位に書きます。

② 十の位を計算します。1くり上がっているので，　1＋6＋8＝□

□ の5を十の位に書きます。

③ 百の位を計算します。1くり上がっているので，

1＋2＋1＝□

④ 上のひっ算の□に答えを書きましょう。

2 〈答えが4けたになるたし算〉

735＋528 の計算をひっ算でします。□にあてはまる数を書きましょう。

〔1問ぜんぶできて①〜④　6点，⑤　4点〕

千の位	百の位	十の位	一の位
	7	3	5
＋	5	2	8
□	□	□	□

① 一の位を計算します。　5＋8＝□

□ の3を一の位に書きます。

② 十の位を計算します。1くり上がっているので，1＋3＋2＝□

③ 百の位を計算します。

7＋5＝□，　□ の2を百の位に書きます。

④ 千の位を計算します。

1くり上がっているので，千の位は□です。

⑤ 上のひっ算の□に答えを書きましょう。

3 〈つづけてくり上がる3けたのたし算〉

247＋756 の計算をひっ算でします。□にあてはまる数を書きましょう。

〔1問ぜんぶできて①〜④ 6点, ⑤ 4点〕

千の位	百の位	十の位	一の位
	2	4	7
＋	7	5	6
□	□	□	□

① 一の位を計算します。 7＋6＝□

□ の3を一の位に書きます。

② 十の位を計算します。1くり上がっているので, 1＋4＋5＝□

□ の0を十の位に書きます。

③ 百の位を計算します。1くり上がっているので,

1＋2＋7＝□ , □ の0を百の位に書きます。

④ 千の位を計算します。

1くり上がっているので, 千の位は □ です。

⑤ 上のひっ算の□に答えを書きましょう。

4 〈4けたのたし算〉

2365＋1272 の計算をひっ算でします。□にあてはまる数を書きましょう。

〔1問ぜんぶできて①〜④ 6点, ⑤ 4点〕

千の位	百の位	十の位	一の位
2	3	6	5
＋ 1	2	7	2
□	□	□	□

① 一の位を計算します。

5＋2＝□

② 十の位を計算します。

6＋7＝□

□ の3を十の位に書きます。

③ 百の位を計算します。1くり上がっているので,

1＋3＋2＝□

④ 千の位を計算します。 2＋1＝□

⑤ 上のひっ算の□に答えを書きましょう。

●ふく習のめやす
き本テスト・かんれんドリルなどで
しっかりふく習しよう！

合かく

0点 ── 80点 ── 100点

| 合　計 とく点 | ／100点 |

かんれん ドリル
●たし算・ひき算　P.7〜38
●文章題　P.5〜10

1　つぎの計算をしましょう。　　　　　　　〔1問　4点〕

①
```
  425
+ 231
```

②
```
  238
+ 154
```

③
```
  286
+  73
```

④
```
  392
+ 253
```

⑤
```
  435
+ 278
```

⑥
```
  359
+ 241
```

⑦
```
  450
+ 723
```

⑧
```
  973
+ 364
```

⑨
```
  648
+ 478
```

⑩
```
  792
+ 509
```

⑪　594＋7

⑫　267＋56

2 つぎの計算をしましょう。 〔1問 5点〕

①
```
   2163
 +1724
```

②
```
   1347
 +2135
```

③
```
   2508
 + 819
```

④
```
   3672
 +1483
```

⑤
```
   2769
 +1587
```

⑥
```
   2964
 +3038
```

3 272円のパンと248円のパンを買おうと思います。あわせて何円ですか。

〔11点〕

 式

答え （　　　　　　）

4 きのう，動物園にきたおとなは1635人でした。子どもは，おとなより628人多くきたそうです。子どもは何人きましたか。 〔11点〕

 式

答え （　　　　　　）

き本の問題のチェックだよ。
できなかった問題は，しっかり学習してから
かんせいテストをやろう！

| 合 計 とく点 | /100点 |

かんれん ドリル

●たし算・ひき算 P.51〜70

---

1 〈ひき算のひっ算〉

385 − 231 の計算をひっ算でします。①から④のじゅんに□にあてはまる数を書きましょう。 〔ぜんぶできて　16点〕

/16点

たし算・ひき算 **51** ページ→

百の位	十の位	一の位
3	8	5
− □	□	□
□	□	□

① 231 を，385 と位をたてにそろえて，左の□に書きましょう。

② まず，一の位を計算します。

$$5 − 1 = 4$$

4を一の位に書きましょう。

③ 十の位を計算します。

$$8 − 3 = 5$$

5を十の位に書きましょう。

④ 百の位を計算します。

$$3 − 2 = 1$$

1を百の位に書きましょう。

---

2 〈3けたのひき算〉

456 − 132 の計算をひっ算でします。□にあてはまる数を書きましょう。 〔1問ぜんぶできて　7点〕

/28点

たし算・ひき算 **51** ページ→

百の位	十の位	一の位
4	5	6
− 1	3	2
□	□	□

① 一の位を計算します。

$$6 − 2 = \boxed{}$$

② 十の位を計算します。

$$5 − 3 = \boxed{}$$

③ 百の位を計算します。

$$4 − 1 = \boxed{}$$

④ 上のひっ算の□に答えを書きましょう。

3 〈くり下がりのある3けたのひき算〉
446−172 の計算をひっ算でします。□にあてはまる数を書きましょう。

〔1問ぜんぶできて　7点〕

たし算・ひき算 54ページ

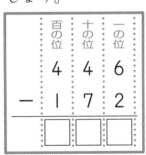

①　一の位を計算します。

$$6-2=\boxed{}$$

②　十の位を計算します。
4から7はひけないので，百の位から1
くり下げて，$14-7=\boxed{}$

③　百の位を計算します。
1くり下げたので，百の位の4は$\boxed{}$になっています。

$$3-1=\boxed{}$$

④　上のひっ算の□に答えを書きましょう。

4 〈つづけてくり下がる3けたのひき算〉
623−394 の計算をひっ算でします。□にあてはまる数を書きましょう。

〔1問ぜんぶできて　7点〕

たし算・ひき算 60ページ

①　一の位を計算します。
3から4はひけないので，十の位から1
くり下げて，$13-4=\boxed{}$

②　十の位を計算します。

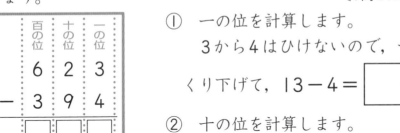

1くり下げたので，十の位の2は$\boxed{}$

になっています。1から9はひけないので，

百の位から1くり下げて，$11-9=\boxed{}$

③　百の位を計算します。
1くり下げたので，百の位の6は$\boxed{}$になっています。

$$5-3=\boxed{}$$

④　上のひっ算の□に答えを書きましょう。

き本の問題のチェックだよ。
てきなかった問題は，しっかり学習してから
かんせいテストをやろう！

| 合計 とく点 | ／100点 |

かんれん ドリル　●たし算・ひき算　P.63〜78

---

1 〈つづけてくり下がる3けたのひき算〉

402－75 の計算をひっ算でします。□にあてはまる数を書きましょう。

〔1問ぜんぶできて　5点〕

／20点

ぜんぶ てきたら

たし算・ひき算 **63**ページ

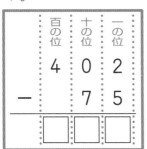

① 一の位を計算します。

2から5はひけません。十の位は0なので，百の位から1くり下げて，十の位を10にします。つぎに，十の位から1くり下げて，

$12-5=$ □

② 十の位を計算します。

百の位から1くり下げて，一の位に1くり下げたので，十の位は

□ になっています。　$9-7=$ □

③ 百の位を計算します。

1くり下げたので，百の位の4は □ になっています。

④ 上のひっ算の□に答えを書きましょう。

---

2 〈4けたのひき算〉

2675－1324 の計算をひっ算でします。□にあてはまる数を書きましょう。

〔1問ぜんぶできて　5点〕

／25点

ぜんぶ てきたら

たし算・ひき算 **75**ページ

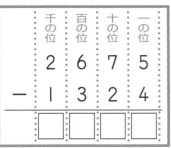

① 一の位を計算します。$5-4=$ □

② 十の位を計算します。$7-2=$ □

③ 百の位を計算します。$6-3=$ □

④ 千の位を計算します。$2-1=$ □

⑤ 上のひっ算の□に答えを書きましょう。

3 〈くり下がりのある4けたのひき算〉

3487－652 の計算をひっ算でします。□にあてはまる数を書きましょう。

〔1問ぜんぶできて　5点〕

千の位	百の位	十の位	一の位
3	4	8	7
－	6	5	2
□	□	□	□

① 一の位を計算します。7－2＝ □

② 十の位を計算します。8－5＝ □

③ 百の位を計算します。4から6はひけないので，千の位から1くり下げて，

14－6＝ □

④ 千の位を計算します。1くり下げたので，千の位の3は □ になっています。

⑤ 上のひっ算の□に答えを書きましょう。

4 〈つづけてくり下がる4けたのひき算〉

3245－1467 の計算をひっ算でします。□にあてはまる数を書きましょう。

〔1問ぜんぶできて　6点〕

千の位	百の位	十の位	一の位
3	2	4	5
－	1	4	6	7
□	□	□	□

① 一の位を計算します。5から7はひけないので，十の位から1くり下げて，

15－7＝ □

② 十の位を計算します。1くり下げたので，十の位の4は □ になっています。

3から6はひけないので，百の位から1くり下げて，13－6＝ □

③ 百の位を計算します。1くり下げたので，百の位の2は □ になっています。1から4はひけないので，千の位から1くり下げて，

11－4＝ □

④ 千の位を計算します。1くり下げたので，千の位の3は □ になっています。　2－1＝ □

⑤ 上のひっ算の□に答えを書きましょう。

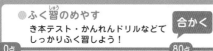

●ふく習のめやす
き本テスト・かんれんドリルなどて
しっかりふく習しよう！

合かく

0点　　　　　80点　100点

合　計
とく点

／100点

かんれん
ドリル

●たし算・ひき算　P.47〜78
●文章題　P.5〜10

1 つぎの計算をしましょう。 〔1問　4点〕

① 　485
　−132

② 　346
　−　45

③ 　563
　−124

④ 　874
　−266

⑤ 　790
　−　64

⑥ 　327
　−153

⑦ 　928
　−542

⑧ 　408
　−　63

⑨ 　317
　−　74

⑩ 　614
　−259

⑪ 360−62

⑫ 800−358

2 つぎの計算をしましょう。 〔1問 5点〕

①
```
  3684
 -1431
```

②
```
  2196
 -1168
```

③
```
  2364
 - 729
```

④
```
  3207
 -1544
```

⑤
```
  5732
 -2789
```

⑥
```
  3004
 -1507
```

3 東小学校には465人，西小学校には318人の子どもがいます。東小学校と西小学校の子どもの数のちがいは何人ですか。 〔11点〕

答え （　　　　　　　）

4 はるきさんは1500円もっていました。きょう735円の本を買いました。のこっているお金は何円ですか。 〔11点〕

答え （　　　　　　　）

き本の問題のチェックだよ。
てきなかった問題は、しっかり学習してから
かんせいテストをやろう！

合 計 とく点	/100点

かんれんドリル　●かけ算　P.5〜10，81・82

---

1 〈0のかけ算〉
4×0の計算をします。□にあてはまる数を書きましょう。

/12点

〔1問　6点〕

　➡　4×2＝8

➡　4×1＝4

　➡　4×0＝？

① 　4×0は、4このまとまりが1つもないから、□です。

② 　4×0＝□

---

2 〈0のかけ算〉
0×6の計算をします。□にあてはまる数を書きましょう。

/12点

〔1問　6点〕

① 　0このまとまりが6つあっても、ぜんぶで□こです。

② 　0×6＝□

---

3 〈かけ算の答えのかわり方〉
つぎのかけ算を見て、①，②に答えましょう。

〔1問　7点〕

/14点

```
3×1＝　3
3×2＝　6
3×3＝　9
3×4＝12
3×5＝15
3×6＝□
```

① 　かける数が1ふえると、答えはいくつふえますか。

（　　　　　）

② 　3×6の答えは、3×5の答えの15にいくつをたせばよいでしょうか。

（　　　　　）

4 〈かけ算のきまり〉

下の絵のりんごの数についてしらべます。つぎの問題の□にあてはまる数を書きましょう。　〔式1つ　8点〕

ぜんぶてきたら　かけ算　9ページ

① ぜんぶのりんごの数をもとめる式を2つ書きましょう。

　　　　たて　　よこ　　　ぜんぶの数　　　よこ　　たて　　　ぜんぶの数

あ 3×□＝□　　　い 5×□＝□

② あの式もいの式もりんごぜんぶの数をあらわしているので，つぎのように書くことができます。

3×□＝5×□

5 〈かけ算のきまり〉

下の絵の花の数についてしらべます。つぎの問題の□にあてはまる数を書きましょう。　〔式1つ　8点〕

ぜんぶてきたら　かけ算　81・82ページ

① ぜんぶの花の数をもとめる式を2つ書きましょう。

　　　1人ぶんの数　　人数　ぜんぶの数　　　1たばの数　　花たばの数　　ぜんぶの数

あ（□×□）×3＝□　　　い 4×（□×□）＝□

② あの式もいの式も，ぜんぶの花の数をあらわしているので，つぎのように書くことができます。

（□×□）×3＝4×（□×□）

6 〈10のかけ算〉

つぎのかけ算を見て，①，②に答えましょう。　〔1問　7点〕

ぜんぶてきたら　かけ算　10ページ

3×7＝21
3×8＝24
3×9＝27
3×10＝□

① 3×10の答えは，3×9の答えよりいくつ大きいでしょうか。（　　　）

② 3×10の答えは，いくつですか。（　　　）

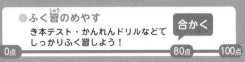

●ふく習のめやす
き本テスト・かんれんドリルなどで
しっかりふく習しよう！ **合かく**

0点　　　　　　　　80点　　100点

| 合　計 とく点 | ／100点 |

かんれん
ドリル
●かけ算　P.5〜10, 81・82
●文章題　P.39・40

---

1 あやかさんが点とりゲームをしたら，下の図のようになりました。表のあいているところに，あてはまる数や式を書きましょう。　〔1つ　4点〕

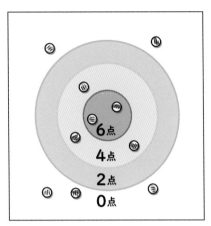

点数（点）	入った数（こ）	とく点をあらわす式	とく点（点）
6	2	6×2	12
4	3	ⓘ	ⓞ
2	0	ⓤ	ⓚ
0	ⓐ	ⓔ	ⓘ

---

2 つぎの□にあてはまる数を書きましょう。　〔1問　4点〕

① 6×5 は，6×4 より □ 大きい。

② 4×6 は，4×□ より4大きい。

③ 8×7 は，8×□ より8小さい。

3 つぎのかけ算と答えが同じになる九九を下の◯の中から見つけ，（ ）にその記号を書きましょう。 〔1問 5点〕

① 3×4 （　　　　） ② 5×8 （　　　　）

③ 8×6 （　　　　） ④ 2×9 （　　　　）

あ 8×5 　　　 い 4×3

う 9×2 　　　 え 6×8

4 つぎの計算をしましょう。 〔1問 5点〕

① （3×2）×4 ② 5×（2×4）

5 つぎの計算をしましょう。 〔1問 5点〕

① 8×10 ② 6×10

③ 10×9 ④ 10×4

6 1まい10円の切手を7まい買います。だい金は何円ですか。 〔10点〕

答え （　　　　　　　）

13 かけ算(2)

き本の問題のチェックだよ。
できなかった問題は，しっかり学習してから
かんせいテストをやろう！

合 計
とく点　／100点

かんれん
ドリル

●かけ算　P.13〜40

1　〈何十と1けたのかけ算〉
50×3の計算をします。□にあてはまる数を書きましょう。〔10点〕

／10点

$$50 \times 3 = \boxed{}$$

2　〈何百と1けたのかけ算〉
300×4の計算をします。□にあてはまる数を書きましょう。〔10点〕

／10点

$$300 \times 4 = \boxed{}$$

3　〈かけ算のひっ算〉
34×2の計算をひっ算でします。①から③のじゅんに□にあてはまる数を書きましょう。
〔ぜんぶできて　20点〕

／20点

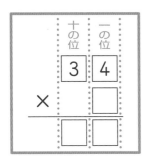

①　2を，34と位をたてにそろえて，左の□に書きましょう。

②　まず，一の位を計算します。
　　$2 \times 4 = 8$
8を一の位に書きましょう。

③　十の位を計算します。
　　$2 \times 3 = 6$
6を十の位に書きましょう。

4 〈2けた×1けたの計算〉
26×3 の計算をひっ算でします。□にあてはまる数を書きましょう。

〔1問ぜんぶできて 10点〕

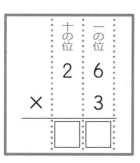

① 一の位を計算します。 3×6＝□

□ の8だけを一の位に書きます。

1は十の位にくり上がる数としておぼえておきます。

② 十の位を計算します。 3×2＝□

6と一の位からくり上がった □ をたして，十の位は □

になります。

③ 上のひっ算の□に答えを書きましょう。

5 〈2けた×1けたの計算〉
48×6 の計算をひっ算でします。□にあてはまる数を書きましょう。

〔1問ぜんぶできて 10点〕

① 一の位を計算します。 6×8＝□

□ の8だけを一の位に書きます。

□ は十の位にくり上がる数としておぼえ

ておきます。

② 十の位を計算します。 6×4＝□

 24とくり上がった □ をたして □ です。

□ を十の位， □ を百の位に書きます。

③ 上のひっ算の□に答えを書きましょう。

き本の問題のチェックだよ。
てきなかった問題は，しっかり学習してから
かんせいテストをやろう！

| 合 計 とく点 | ╱100点 |

かんれん ドリル

●かけ算 P.41〜48

1 〈3けた×1けたの計算〉
213×3の計算をひっ算でします。□にあてはまる数を書きましょう。

〔1問ぜんぶできて　6点〕

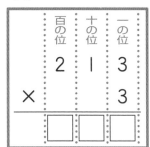

① 一の位を計算します。

$$3 × 3 = \square$$

② 十の位を計算します。

$$3 × 1 = \square$$

③ 百の位を計算します。

$$3 × 2 = \square$$

④ 上のひっ算の□に答えを書きましょう。

╱24点

かけ算 41 ページ

2 〈3けた×1けたの計算〉
216×4の計算をひっ算でします。□にあてはまる数を書きましょう。

〔1問ぜんぶできて　6点〕

① 一の位を計算します。　$4 × 6 = \boxed{}$

$\square$ の4だけを一の位に書きます。

$\square$ は十の位にくり上がる数としておぼえておきます。

② 十の位を計算します。　$4 × 1 = \square$

4と一の位からくり上がった $\square$ をたして，十の位は $\square$

になります。

③ 百の位を計算します。　$4 × 2 = \square$

④ 上のひっ算の□に答えを書きましょう。

╱24点

かけ算 41 ページ

3 〈3けた×1けたの計算〉
248×3 の計算をひっ算でします。□にあてはまる数を書きましょう。

〔1問ぜんぶできて　6点〕

百の位	十の位	一の位
2	4	8
×		3
□	□	□

① 一の位を計算します。　3×8＝□

□の4だけを一の位に書きます。

□は十の位にくり上がる数としておぼえておきます。

② 十の位を計算します。　3×4＝□

12とくり上がった□をたして□です。

□だけを十の位に書き，1は百の位へくり上がる数としておぼえておきます。

③ 百の位を計算します。　3×2＝□

6とくり上がった□をたして，百の位は□です。

④ 上のひっ算の□に答えを書きましょう。

かけ算 42ページ

4 〈3けた×1けたの計算〉
382×4 の計算をひっ算でします。□にあてはまる数を書きましょう。

〔1問ぜんぶできて　7点〕

千の位	百の位	十の位	一の位
	3	8	2
	×		4
□	□	□	□

① 一の位を計算します。　4×2＝□

② 十の位を計算します。　4×8＝□

□の2だけを十の位に書きます。

□は百の位にくり上がる数としておぼえておきます。

③ 百の位を計算します。　4×3＝□

12とくり上がった□をたして□です。□を百の位，1を千の位に書きます。

④ 上のひっ算の□に答えを書きましょう。

かけ算 42ページ

●ふく習のめやす
き本テスト・かんれんドリルなどて
しっかりふく習しよう！

合かく

0点　80点　100点

合　計
とく点

╱100点

かんれん
ドリル

●かけ算　P.13〜48
●文章題　P.42・43

1 つぎの計算をしましょう。　　　　　　　　　　　　〔1問　5点〕

① 70×6　　　　　　　② 90×7

③ 800×3　　　　　　④ 600×5

2 つぎの計算をしましょう。　　　　　　　　　　　　〔1問　5点〕

```
①    1 4        ②    2 8
    ×   2          ×   3
```

```
③    7 1        ④    6 9
    ×   8          ×   4
```

```
⑤    2 7        ⑥    3 6
    ×   8          ×   3
```

```
⑦    7 8        ⑧    7 6
    ×   4          ×   7
```

3 つぎの計算をしましょう。 〔1問 5点〕

① 143
　× 　2

② 218
　× 　4

③ 161
　× 　6

④ 264
　× 　3

⑤ 345
　× 　8

⑥ 478
　× 　7

4 1ぴき85円の金魚を，8ひき買いました。ぜんぶで何円ですか。 〔5点〕

答え （　　　　　　）

5 1こ125円のボールが4こずつ入っているはこを，6ぱこ買いました。だい金は何円ですか。 〔5点〕

答え （　　　　　　）

かけ算(3)

き本の問題のチェックだよ。
できなかった問題は，しっかり学習してから
かんせいテストをやろう！

合計とく点 ／100点

かんれんドリル ●かけ算 P.51～69

---

1 〈何十をかける計算〉
52×30 の計算をします。□にあてはまる数を書きましょう。

／16点

〔□1つ　4点〕

① 30を3の□倍として計算します。

② 52×3は□

　156の10倍は□

③ 52×30＝□

かけ算 51ページ

---

2 〈かけ算のひっ算〉
12×24 の計算をひっ算でします。①から③のじゅんに計算しましょう。

／24点

〔1問ぜんぶできて　8点〕

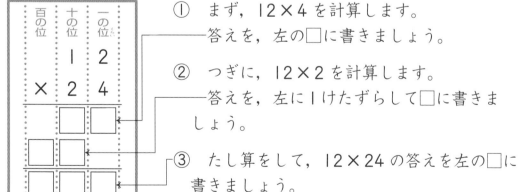

① まず，12×4 を計算します。
答えを，左の□に書きましょう。

② つぎに，12×2 を計算します。
答えを，左に1けたずらして□に書きましょう。

③ たし算をして，12×24 の答えを左の□に書きましょう。

かけ算 51ページ

3 〈2けた×2けたの計算〉
35×27 の計算をひっ算でします。①から③のじゅんに計算しましょう。
〔1問ぜんぶできて　10点〕

かけ算　52ページ〜

百の位	十の位	一の位
	3	5
×	2	7

① まず，35×7 を計算します。
答えを，左の□に書きましょう。

② つぎに，35×2 を計算します。
答えを，左に1けたずらして書きましょう。

③ たし算をして，35×27 の答えを左の□に書きましょう。

4 〈2けた×2けたの計算〉
74×38 の計算をひっ算でします。①から③のじゅんに計算しましょう。
〔1問ぜんぶできて　10点〕

かけ算　51ページ〜

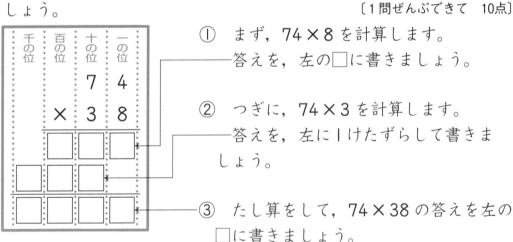

千の位	百の位	十の位	一の位
		7	4
	×	3	8

① まず，74×8 を計算します。
答えを，左の□に書きましょう。

② つぎに，74×3 を計算します。
答えを，左に1けたずらして書きましょう。

③ たし算をして，74×38 の答えを左の□に書きましょう。

き本の問題のチェックだよ。
てきなかった問題は，しっかり学習してから
かんせいテストをやろう！

合 計 とく点 ／100点

かんれん ドリル

●かけ算 P.51〜74

1 〈2けた×何十の計算〉
48×30 の計算をひっ算でします。 〔ぜんぶできて　9点〕

／9点

48×0＝0 になるので，48×3 の答え
を，左に1けたずらして書くと，答えにな
ります。
　　答えの□にあてはまる数を書きましょう。

ぜんぶ てきたら

かけ算 70 ページ〜

2 〈かけ算の答えのたしかめ方〉
24×13 と 13×24 の答えをくらべます。①〜③に答えましょう。

／21点

〔1問ぜんぶできて　7点〕

ぜんぶ てきたら

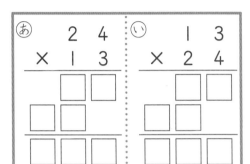

① あといの計算をして，左の□
にあてはまる数を書きましょう。

かけ算 51 ページ〜

② あといの答えは同じですか，
ちがいますか。

（　　　　　　）

③ 24×13 の答えをたしかめる
式を書きましょう。

（　　　　　　）

3 〈計算のくふう〉
つぎの□にあてはまる数を書きましょう。 〔1問ぜんぶできて　7点〕

／28点

ぜんぶ てきたら

① 4×26 ＝ ［　　］ ×4 ＝ ［　　］

② 8×47 ＝ ［　　］ ×8 ＝ ［　　］

③ 5×34 ＝ 34× ［　　］ ＝ ［　　］

④ 6×59 ＝ 59× ［　　］ ＝ ［　　］

4 〈3けた×2けたの計算〉
265×23 の計算をひっ算でします。①から③のじゅんに計算しましょう。　〔1問ぜんぶできて　7点〕

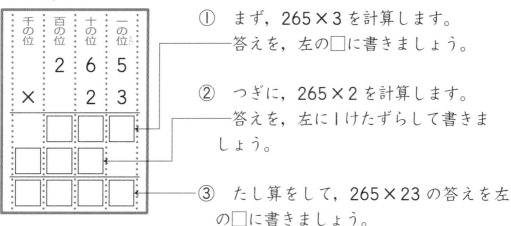

①　まず，265×3 を計算します。
　　答えを，左の□に書きましょう。

かけ算　71ページ

②　つぎに，265×2 を計算します。
　　答えを，左に1けたずらして書きましょう。

③　たし算をして，265×23 の答えを左の□に書きましょう。

5 〈3けた×2けたの計算〉
402×37 の計算をひっ算でします。①から③のじゅんに計算しましょう。　〔1問ぜんぶできて　7点〕

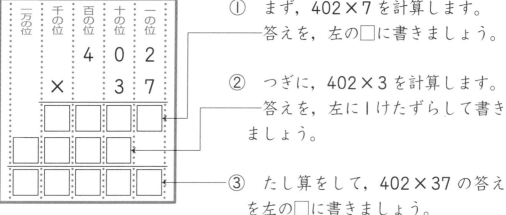

①　まず，402×7 を計算します。
　　答えを，左の□に書きましょう。

かけ算　72ページ

②　つぎに，402×3 を計算します。
　　答えを，左に1けたずらして書きましょう。

③　たし算をして，402×37 の答えを左の□に書きましょう。

●ふく習のめやす
き本テスト・かんれんドリルなどて
しっかりふく習しよう！

合かく

0点　　　　　　　90点　100点

合　計
とく点

／100点

かんれん
ドリル

●かけ算　P.51〜74
●文章題　P.40〜42

---

1 つぎの計算をしましょう。　〔1問　3点〕

① 2×30

② 4×20

③ 30×20

④ 40×30

⑤ 23×30

⑥ 16×40

---

2 つぎの計算をしましょう。　〔1問　5点〕

①
```
  3 2
× 1 2
```

②
```
  2 4
× 1 6
```

③
```
  3 0
× 2 7
```

④
```
  5 6
× 1 4
```

⑤
```
  3 4
× 4 2
```

⑥
```
  5 6
× 7 4
```

⑦
```
  6 3
× 4 9
```

⑧
```
  9 6
× 7 0
```

3 つぎの計算をしましょう。　　　　　　　　　　　　〔1問　5点〕

① 　　2 3 1
　　×　　3 2

② 　　7 0 1
　　×　　4 6

4 つぎの計算をひっ算でしましょう。また，答えのたしかめもしましょう。

〔1問ぜんぶできて　6点〕

① 90×84

┌─計算─┐　┌─たしかめ─┐

② 58×29

┌─計算─┐　┌─たしかめ─┐

5 1ぴき45円の金魚を12ひき買います。だい金は何円になりますか。〔10点〕

 式

答え（　　　　　　）

6 25こ入りのおかしのはこを40ぱこ作ります。おかしは，ぜんぶで何こあればよいでしょうか。

〔10点〕

 式

答え（　　　　　　）

き本の問題のチェックだよ。
できなかった問題は，しっかり学習してから
かんせいテストをやろう！

合 計
とく点 ／100点

かんれん
ドリル
●わり算 P.13～32，55～60
●文章題 P.45～50

1 〈わり算〉
12÷4 を計算します。□にあてはまる数を書きましょう。

〔1問 7点〕

① 答えが12になる九九をみつけます。

□×4＝12

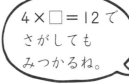

4×□＝12で
さがしても
みつかるね。

わり算 13 ページ

② 12÷4＝□

2 〈わり算の問題〉
24このみかんを，4人で同じ数ずつ分けると，1人分は何こになり
ますか。□にあてはまる数を書きましょう。 〔1問ぜんぶできて 10点〕

24こ

文章題 45 ページ

① みかんぜんぶの数 □ こを，人数の □ 人でわります。

② 式 □ ÷ □ ＝ □   答え □ こ

3 〈わり算の問題〉
18このあめを，1人に6こずつ分けると，何人に分けられますか。
□にあてはまる数を書きましょう。 〔1問ぜんぶできて 10点〕

文章題 47 ページ

18こ

① あめぜんぶの数 □ こを，1人分の数 □ こでわります。

② 式 □ ÷ □ ＝ □   答え □ 人

©くもん出版

4 〈0や1のわり算〉
つぎの□にあてはまる数を書きましょう。　〔1問　5点〕

① 0 ÷ 2 = □

② 3 ÷ 1 = □

③ 4 ÷ 4 = □

5 〈何十÷何の計算〉
60÷3の計算で，10をもとにして計算します。□にあてはまる
数を書きましょう。　〔10点〕

　　　60 ÷ 3 = □

6 〈2けた÷1けたの計算〉
48÷2の計算で，48を40と8に分けて計算します。□にあてはま
る数を書きましょう。　〔1問　7点〕

① 40 ÷ 2 = □

② 8 ÷ 2 = □

③ 48 ÷ 2 = □

わり算(1)

1 つぎの計算をしましょう。 〔1問　4点〕

① $24 \div 3$ ② $56 \div 8$

③ $36 \div 9$ ④ $30 \div 6$

⑤ $32 \div 4$ ⑥ $63 \div 7$

⑦ $28 \div 7$ ⑧ $54 \div 6$

2 つぎの計算をしましょう。 〔1問　4点〕

① $0 \div 4$ ② $5 \div 5$

③ $9 \div 1$ ④ $0 \div 8$

3 つぎの計算をしましょう。 〔1問　4点〕

① $63 \div 3$ ② $80 \div 4$

③ $90 \div 3$ ④ $77 \div 7$

4 みかんが24こあります。6人に同じ数ずつ分けると，1人分は何こになりますか。 〔8点〕

式

答え（　　　　　）

5 えんぴつが36本あります。1人に4本ずつ分けると，何人に分けられますか。 〔8点〕

式

答え（　　　　　）

6 1まいの画用紙から，カードを8まい作ります。カードを48まい作るには，画用紙は何まいあればよいでしょうか。 〔10点〕

式

答え（　　　　　）

7 28人で，どのはんの人数も同じになるように，4つのはんをつくります。1つのはんの人数を何人にすればよいでしょうか。 〔10点〕

式

答え（　　　　　）

き本の問題のチェックだよ。
できなかった問題は，しっかり学習してから
かんせいテストをやろう！

合計
とく点 ╱100点

かんれん
ドリル
●わり算 P.33〜60
●文章題 P.51〜58

1 〈あまりのあるわり算〉
16÷3 を計算します。□にあてはまる数を書きましょう。

〔ぜんぶできて　16点〕

╱16点

　3人で
分ける。
16こ

5こ　　5こ　　5こ

あまり

$$16 \div 3 = \boxed{} \ \text{あまり} \ \boxed{}$$

2 〈わり算の答えのたしかめ方〉
17÷5 を計算して，答えのたしかめもします。□にあてはまる数
を書きましょう。
〔1問ぜんぶできて　12点〕

╱24点

① 17÷5 を計算しましょう。

$$17 \div 5 = \boxed{} \ \text{あまり} \ \boxed{}$$

② 答えのたしかめをしましょう。

あまり➡

$$5 \times \boxed{} + \boxed{} = \boxed{}$$

3 〈わり算の問題〉

32このおはじきを，1人に5こずつ分けると，何人に分けられますか。また，何こあまりますか。□にあてはまる数を書きましょう。

〔1問ぜんぶできて　10点〕

あまり

32こ

① おはじきぜんぶの数 □ こを，1人分の数 □ こでわります。

② 式　□ ÷ □ = □ あまり □

③ 答え　□ 人に分けられて，□ こあまる。

文章題 52・53 ページ

4 〈何倍かをもとめる問題〉

白いテープの長さは30cmで，青いテープの長さは6cmです。白いテープの長さは，青いテープの長さの何倍ですか。□にあてはまる数を書きましょう。

〔1問ぜんぶできて　10点〕

白　──────30cm──────

青　─6cm─

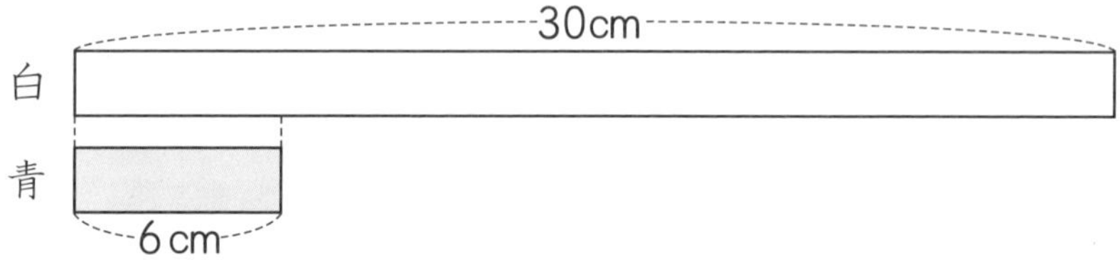

① 白いテープの長さ □ cmを，青いテープの長さ □ cmでわります。

② 式　□ ÷ □ = □

③ 答え　□ 倍

文章題 57・58 ページ

●ふく習のめやす
き本テスト・かんれんドリルなどて
しっかりふく習しよう！   合かく
0点   80点   100点

合 計
とく点   ╱100点

かんれん
ドリル   ●わり算　P.33〜60
●文章題　P.51〜58

1 つぎの計算で，正しいものには○を，あやまっているものには×を( )に書きましょう。　　〔1問　4点〕

① 25÷3＝8 あまり 1 （　　　）　② 24÷3＝7 あまり 3 （　　　）

③ 35÷6＝5 あまり 5 （　　　）　④ 37÷4＝8 あまり 5 （　　　）

2 つぎの計算をしましょう。　　〔1問　4点〕

① 63÷8　　　　　　　　② 29÷3

③ 43÷5　　　　　　　　④ 53÷7

⑤ 23÷4　　　　　　　　⑥ 50÷6

⑦ 75÷9　　　　　　　　⑧ 75÷8

3 つぎの計算をして，答えのたしかめもしましょう。　〔1問ぜんぶできて　6点〕

① 32÷7　　　　　　　　② 44÷8

（たしかめ）　　　　　　　（たしかめ）

4 35まいのおり紙を8人で同じ数ずつ分けて，つるをおります。1人分は何まいで，何まいあまりますか。 〔10点〕

 式

答え（ ）

5 56まいの画用紙を，1人に6まいずつ分けると，何人に分けられますか。また，何まいあまりますか。 〔10点〕

式

答え（ ）

6 26mのなわを3mずつに切って，なわとびのなわを作ります。3mのなわは何本できて，あまりは何mになりますか。 〔10点〕

式

答え（ ）

7 ゆみさんは，色紙を9まいもっています。お姉さんは45まいもっています。お姉さんがもっている色紙のまい数は，ゆみさんがもっている色紙のまい数の何倍ですか。 〔10点〕

式

答え（ ）

き本の問題のチェックだよ。
できなかった問題は，しっかり学習してから
かんせいテストをやろう！

合 計 とく点 ／100点

かんれん ドリル

● 数・りょう・図形 P.43〜50

1 〈小数のいみとあらわし方〉
1Lますに水が入っています。それぞれ何Lですか。小数であらわしましょう。 〔1問 6点〕

／18点

✓ ぜんぶ てきたら

数・りょう・図形 43・44 ページ

① 1L

② 1L

③ 1L

( ) ( ) ( )

2 〈小数のいみとあらわし方〉
1Lますに水が入っています。それぞれ何Lですか。小数であらわしましょう。 〔1問 6点〕

／12点

✓ ぜんぶ てきたら

数・りょう・図形 43・44 ページ

① 1L 1L

② 1L 1L

( ) ( )

3 〈小数のいみとあらわし方〉
つぎのものさしの左はしから↓までの長さはそれぞれ何cmですか。小数であらわしましょう。 〔1問 6点〕

／18点

✓ ぜんぶ てきたら

数・りょう・図形 49 ページ

① ↓

② ↓

③ ↓

( ) ( ) ( )

4 つぎの問題に答えましょう。　　　　　　　　　〔1問　5点〕

20点

① 1Lは何dLですか。　　　　② 1dLは何Lですか。

（　　　　　　）　　　　　　　（　　　　　　）

③ 1cmは何mmですか。　　　④ 1mmは何cmですか。

（　　　　　　）　　　　　　　（　　　　　　）

数・りょう・図形　49・50ページ

5 つぎの水のかさは何Lですか。また，何dL，何L何dLですか。（　　）にあてはまる数を書きましょう。　　　　　　　〔1問ぜんぶできて　8点〕

16点

① 1L

（　　　　）L

（　　　　）dL

② 1L　　　1L

（　　　　）L

（　　　　）L（　　　　）dL

数・りょう・図形　50ページ

6 つぎの線の長さは何cmですか。また，何mm，何cm何mmですか。（　　）にあてはまる数を書きましょう。　　　　〔1問ぜんぶできて　8点〕

16点

①　（　　　　）cm

（　　　　）mm

②　（　　　　）cm

（　　　　）cm（　　　　）mm

数・りょう・図形　49ページ

き本の問題のチェックだよ。
できなかった問題は，しっかり学習してから
かんせいテストをやろう！

合　計
とく点 ／**100**点

かんれん
ドリル
●数・りょう・図形　P.45
●たし算・ひき算　P.81〜84

1　〈整数と小数〉
下の▢の中の数を見て，つぎの①〜④に答えましょう。〔1問　4点〕

／16点

| 26 | 35.8 |

①　26のような数を何といいますか。　　　　　　　（　　　　　）

②　35.8のような数を何といいますか。　　　　　（　　　　　）

③　35.8の「.」を何といいますか。　　　　　　　（　　　　　）

④　35.8の8は何の位の数字ですか。　　　（　　　　　）

2　〈小数のたし算，ひき算〉
つぎの計算をしましょう。　　　　　　　　　〔1問　6点〕

／36点

①　0.6＋0.1

②　0.6＋0.3

③　0.6＋0.5

④　0.7－0.5

⑤　0.9－0.5

⑥　1.2－0.5

3 〈小数のたし算のひっ算〉
3.5＋2.7の計算をひっ算でします。□にあてはまる数を書きましょう。

〔1問ぜんぶできて 6点〕

たし算・ひき算 **82** ページ

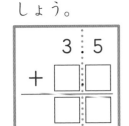

① 2.7を，3.5と小数点のいちをそろえて，左に書きましょう。

② 小数第一位 $\left(\dfrac{1}{10}\text{の位}\right)$ を計算します。

$$5 + 7 = \boxed{}$$

□ の2を小数第一位に書きましょう。

③ 一の位を計算します。

小数第一位から1くり上がっているので，

$$1 + 3 + 2 = \boxed{}$$

6を一の位に書きましょう。

④ 答えの小数点を正しいところにうちましょう。

---

4 〈小数のひき算のひっ算〉
3.5－1.7の計算をひっ算でします。□にあてはまる数を書きましょう。

〔1問ぜんぶできて 6点〕

たし算・ひき算 **83** ページ

① 1.7を，3.5と小数点のいちをそろえて，左に書きましょう。

② 小数第一位を計算します。5から7はひけないので，一の位から1くり下げて，

$$15 - 7 = \boxed{}$$

8を小数第一位に書きましょう。

③ 一の位を計算します。1くり下がっているので，

一の位の3は $\boxed{}$ になっています。

$$2 - 1 = \boxed{}$$

1を一の位に書きましょう。

④ 答えの小数点を正しいところにうちましょう。

1 つぎの□にあてはまる数を書きましょう。 〔1問 2点〕

① 0.8は0.1が □ こ   ② 1.3は0.1が □ こ

③ □ は0.1が6こ   ④ □ は0.1が26こ

2 下の数直線で，あ～えがあらわす数を小数で書きましょう。 〔1つ 2点〕

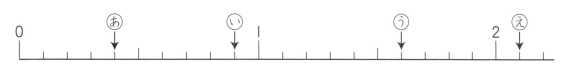

あ (   )   い (   )

う (   )   え (   )

3 □にあてはまる不等号を書きましょう。 〔1問 2点〕

① 0.7 □ 0.9   ② 1 □ 0.8

③ 0.1 □ 0   ④ 1.5 □ 1.6

4 つぎの計算をしましょう。 〔1問 4点〕

① 0.4＋0.3   ② 0.2＋0.8

③ 1.3＋0.6   ④ 0.9－0.6

⑤ 1－0.3   ⑥ 2.7－1.4

5 つぎの計算をしましょう。 〔1問 4点〕

①   1.6
  + 2.8

②   8.5
  + 6.7

③   12.8
  + 3.2

④   4.3
  − 1.9

⑤   12.4
  − 3.4

⑥   4
  − 1.6

⑦ 1.6 ＋ 14.5

⑧ 15.2 − 5.7

6 しょうゆが大きいびんに1.5L，小さいびんに0.4L入っています。あわせて何Lありますか。 〔10点〕

 式

答え （   ）

7 はり金が1.5mあります。0.6mつかうと，何mのこりますか。 〔10点〕

 式

答え （   ）

分　数

き本の問題のチェックだよ。
できなかった問題は，しっかり学習してから
かんせいテストをやろう！

合計とく点　　／100点

かんれんドリル　●数・りょう・図形　P.35～40

1 〈分数のいみとあらわし方〉

つぎの色をぬったところの大きさは，ぜんたいの大きさの何分のいくつですか。□にあてはまる数を書きましょう。〔1問　5点〕

／15点　ぜんぶできたら　数・りょう・図形 35ページ～

① 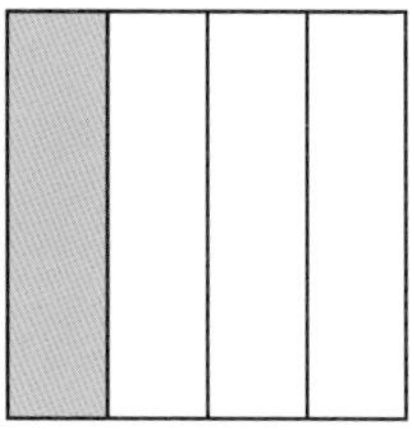

($\frac{□}{4}$)

② 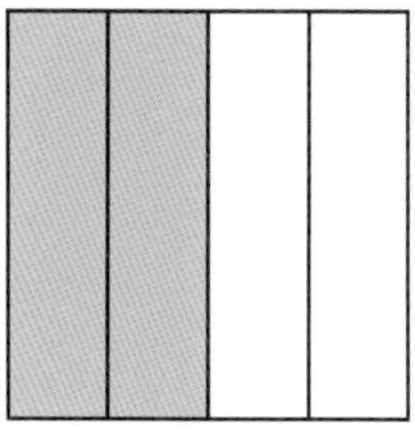

($\frac{□}{□}$)

③ 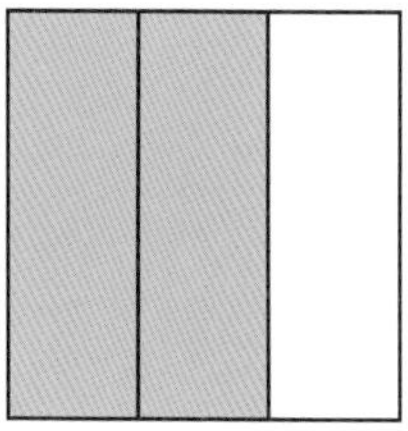

($\frac{□}{□}$)

2 〈分数のいみとあらわし方〉

Ⓘのテープの長さは，Ⓐのテープの長さの何分の一ですか。〔7点〕

／7点　ぜんぶできたら　数・りょう・図形 35ページ～

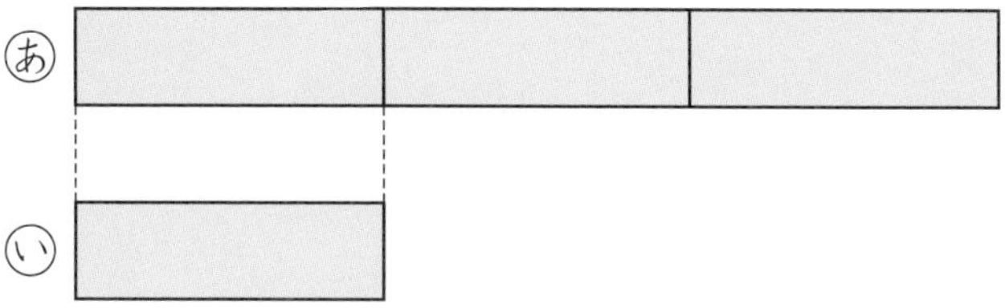

(　　　　)

3 〈分数をつかってかさをあらわす〉

水は，何分の何dL入っていますか。〔1問　5点〕

／15点　ぜんぶできたら　数・りょう・図形 35ページ～

① 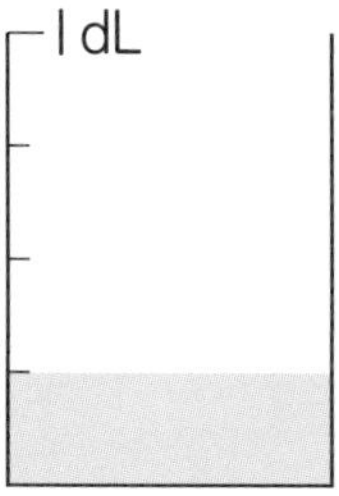

(　　　　)

② 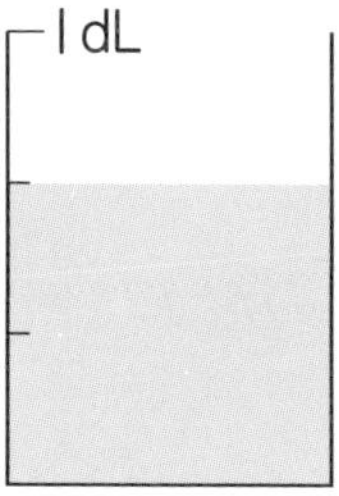

(　　　　)

③ 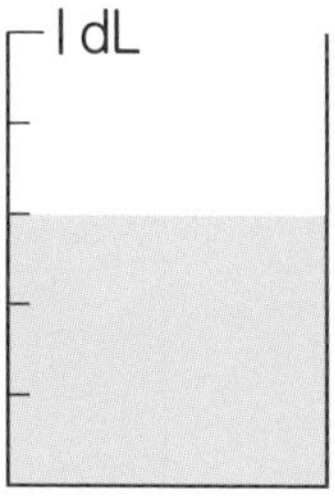

(　　　　)

4 下の数を見て，①〜③に答えましょう。　〔1問　5点〕

$\dfrac{3}{4}$

① $\dfrac{3}{4}$ のような数を何といいますか。（　　　　　）

② $\dfrac{3}{4}$ の4を何といいますか。（　　　　　）

③ $\dfrac{3}{4}$ の3を何といいますか。（　　　　　）

5 つぎの大きさを分数であらわしましょう。　〔1問　8点〕

① 1つのものを同じ大きさに5つに分けた2つ分　（　　　　　）

② 1つのものを同じ大きさに6つに分けた5つ分　（　　　　　）

6 下の図を見て，問題に答えましょう。　〔1問　8点〕

0　$\dfrac{1}{6}$m　　　　　　　　　　　　　1m

① $\dfrac{1}{6}$mの2つ分の長さは何mですか。（　　　　　）

② $\dfrac{5}{6}$mは，$\dfrac{1}{6}$mがいくつあつまった長さですか。（　　　　　）

7 下の図を見て，問題に答えましょう。　〔1問　8点〕

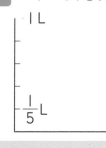

① $\dfrac{1}{5}$Lの2つ分のかさは何Lですか。（　　　　　）

② $\dfrac{4}{5}$Lは，$\dfrac{1}{5}$Lがいくつあつまったかさですか。（　　　　　）

かんせい 🕐
目ひょう時間 **20分**

き本の問題のチェックだよ。
できなかった問題は，しっかり学習してから
かんせいテストをやろう！

合 計
とく点
／100点

かんれん
ドリル

1 〈分数と数直線〉
下の数直線で，㋐〜㋒があらわす数を分数で書きましょう。

〔1つ　4点〕

／12点

ぜんぶ
てきたら

数・りょう・
図形 **40**
ページ

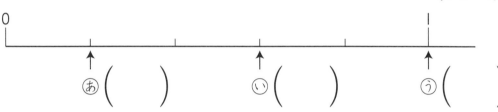

㋐（　　）　　㋑（　　）　　㋒（　　）

2 〈分数と小数〉
下の数直線を見て，分数と小数について考えます。つぎの問題に答えましょう。

〔1問　4点〕

／12点

ぜんぶ
てきたら

数・りょう・
図形 **51・52**
ページ

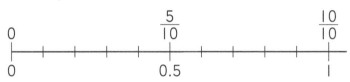

① $\frac{1}{10}$ を小数であらわしましょう。　　　（　　　　　）

② $\frac{6}{10}$ を小数であらわしましょう。　　　（　　　　　）

③ 0.7を，分母が10の分数であらわしましょう。　（　　　　　）

3 〈分数のたし算〉
$\frac{2}{7}+\frac{3}{7}$ の計算をします。□にあてはまる数を書きましょう。

〔1問ぜんぶできて①・②　7点，③　5点〕

／19点

ぜんぶ
てきたら

たし算・ひき算 **89**
ページ

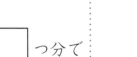

$$\frac{2}{7}+\frac{3}{7}=\frac{\Box}{7}$$

① $\frac{2}{7}$ は $\frac{1}{7}$ が □ つ分，$\frac{3}{7}$ は $\frac{1}{7}$ が □ つ分
のことです。

② $\frac{2}{7}$ と $\frac{3}{7}$ をあわせた数は，$\frac{1}{7}$ が □ つ分です。

③ 左の□にあう数を書きましょう。

©くもん出版

4 〈分数のたし算〉

$\dfrac{2}{5}+\dfrac{3}{5}$ の計算をします。□にあてはまる数を書きましょう。

〔1問ぜんぶできて①・②　7点，③　5点〕

$$\dfrac{2}{5}+\dfrac{3}{5}=\dfrac{\boxed{}}{5}$$
$$=\boxed{}$$

① $\dfrac{2}{5}$ は $\dfrac{1}{5}$ が $\boxed{}$ つ分，$\dfrac{3}{5}$ は $\dfrac{1}{5}$ が $\boxed{}$ つ分のことです。

② $\dfrac{2}{5}$ と $\dfrac{3}{5}$ をあわせた数は，$\dfrac{1}{5}$ が $\boxed{}$ つ分で，これは $\boxed{}$ と等しくなります。

③　左の□にあう数を書きましょう。

5 〈分数のひき算〉

$\dfrac{6}{7}-\dfrac{2}{7}$ の計算をします。□にあてはまる数を書きましょう。

〔1問ぜんぶできて①・②　7点，③　5点〕

/19点

$$\dfrac{6}{7}-\dfrac{2}{7}=\dfrac{\boxed{}}{7}$$

① $\dfrac{6}{7}$ は $\dfrac{1}{7}$ が $\boxed{}$ つ分，$\dfrac{2}{7}$ は $\dfrac{1}{7}$ が $\boxed{}$ つ分のことです。

② $\dfrac{6}{7}$ から $\dfrac{2}{7}$ をとった数は，$\dfrac{1}{7}$ が $\boxed{}$ つ分です。

③　左の□にあう数を書きましょう。

6 〈分数のひき算〉

$1-\dfrac{3}{5}$ の計算をします。□にあてはまる数を書きましょう。

〔1問ぜんぶできて①・②　7点，③　5点〕

/19点

$$1-\dfrac{3}{5}=\dfrac{\boxed{}}{5}$$

① 1 は $\dfrac{1}{5}$ が $\boxed{}$ つ分，$\dfrac{3}{5}$ は $\dfrac{1}{5}$ が $\boxed{}$ つ分のことです。

② 1 から $\dfrac{3}{5}$ をとった数は，$\dfrac{1}{5}$ が $\boxed{}$ つ分です。

③　左の□にあう数を書きましょう。

分 数

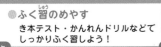

1　□にあてはまる数を書きましょう。　　　　〔1問　4点〕

①　$\frac{1}{5}$ の4つ分は □ です。

②　$\frac{1}{6}$ の □ つ分は $\frac{5}{6}$ です。

③　□ の3つ分は $\frac{3}{7}$ です。

④　□ の6つ分は1です。

2　下の数直線で，あ，い，うがあらわす数を分数で書きましょう。

〔1つ　2点〕

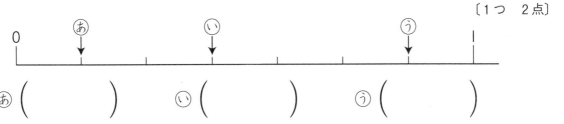

あ（　　　　　）　　い（　　　　　）　　う（　　　　　）

3　□にあてはまる等号，または不等号を書きましょう。　　〔1問　2点〕

①　$\frac{3}{4}$ □ $\frac{1}{4}$　　②　1 □ $\frac{6}{7}$　　③　$\frac{9}{9}$ □ 1

4　つぎの計算をしましょう。　　　　〔1問　4点〕

①　$\frac{1}{4}+\frac{2}{4}$　　　　　　②　$\frac{2}{5}+\frac{2}{5}$

③　$\frac{2}{6}+\frac{3}{6}$　　　　　　④　$\frac{4}{9}+\frac{3}{9}$

⑤　$\frac{1}{3}+\frac{2}{3}$　　　　　　⑥　$\frac{3}{10}+\frac{7}{10}$

5 つぎの計算をしましょう。 〔1問 4点〕

① $\dfrac{5}{7} - \dfrac{2}{7}$

② $\dfrac{5}{8} - \dfrac{2}{8}$

③ $\dfrac{4}{5} - \dfrac{3}{5}$

④ $\dfrac{7}{9} - \dfrac{5}{9}$

⑤ $1 - \dfrac{4}{7}$

⑥ $1 - \dfrac{2}{5}$

6 赤いテープは$\dfrac{7}{10}$mあります。白いテープは赤いテープより$\dfrac{2}{10}$m長いそうです。白いテープの長さは何mですか。 〔8点〕

式

答え（　　　　　　）

7 ゆうまさんの家では，牛にゅうをきのうは$\dfrac{3}{9}$L，きょうは$\dfrac{7}{9}$Lのみました。のんだ牛にゅうのりょうは，どちらがどれだけ多いでしょうか。 〔8点〕

式

答え（　　　　　　　　　　　）

8 長さ1mのひもがあります。ひまりさんは，工作で$\dfrac{5}{8}$mつかいました。ひもは，何mのこっていますか。 〔8点〕

式

答え（　　　　　）

き本テスト

かんせい ⏱
目ひょう時間 **20**分

長さ

き本の問題のチェックだよ。
できなかった問題は，しっかり学習してから
かんせいテストをやろう！

合計
とく点 　／100点

かんれん
ドリル
● 数・りょう・図形　P.17〜22
● 文章題　P.11・12

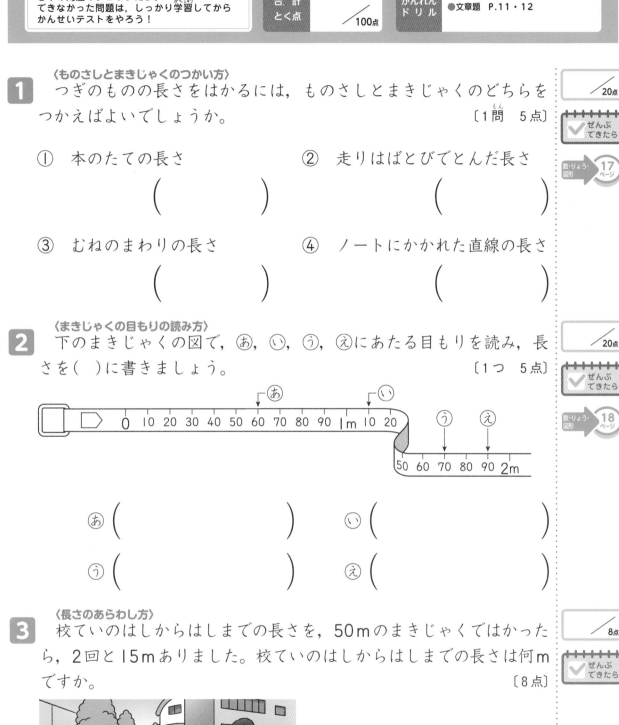

1 〈ものさしとまきじゃくのつかい方〉
　つぎのものの長さをはかるには，ものさしとまきじゃくのどちらを
つかえばよいでしょうか。　　　　　　　　　　　　　　　〔1問　5点〕

／20点

ぜんぶ
できたら

数・りょう・図形　17ページ

① 本のたての長さ

（　　　　　）

② 走りはばとびでとんだ長さ

（　　　　　）

③ むねのまわりの長さ

（　　　　　）

④ ノートにかかれた直線の長さ

（　　　　　）

2 〈まきじゃくの目もりの読み方〉
　下のまきじゃくの図で，ⓐ，ⓘ，ⓤ，ⓔにあたる目もりを読み，長
さを（　）に書きましょう。　　　　　　　　　　　　　　〔1つ　5点〕

／20点

ぜんぶ
できたら

数・りょう・図形　18ページ

ⓐ（　　　　　　　　）　　ⓘ（　　　　　　　　）

ⓤ（　　　　　　　　）　　ⓔ（　　　　　　　　）

3 〈長さのあらわし方〉
　校ていのはしからはしまでの長さを，50mのまきじゃくではかった
ら，2回と15mありました。校ていのはしからはしまでの長さは何m
ですか。　　　　　　　　　　　　　　　　　　　　　　　　〔8点〕

／8点

ぜんぶ
できたら

（　　　　　）

4 〈道のりときょり〉
下の図を見て，①，②に答えましょう。　〔1問　8点〕

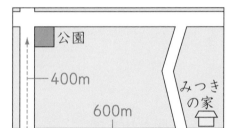

① りくさんの家から学校までの道の
りは何mですか。（　　　　　）

② りくさんの家から学校までのきょ
りは何mですか。（　　　　　）

数・りょう・図形 21・22ページ

5 〈mとkm〉
1km＝1000m です。下の図を見て，①，②に答えましょう。

〔1問　8点〕

16点

① みつきさんの家から公園までの道
のりは何mですか。（　　　　　）

② みつきさんの家から公園までの道
のりは何kmですか。（　　　　　）

数・りょう・図形 21・22ページ

6 〈長さのたし算とひき算〉
下の図を見て，①，②に答えましょう。　〔1問　10点〕

20点

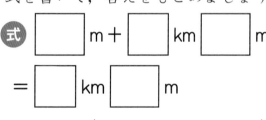
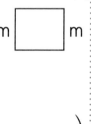

① 小学校からえきの前を通って，公
園までの道のりはどれだけですか。
式を書いて，答えをもとめましょう。

式　□ m＋□ km□ m

＝□ km□ m

答え（　　　　　）

文章題 11・12ページ

② えきから公園までの道のりは，えきから小学校までの道のりより
どれだけ長いでしょうか。式を書いて，答えをもとめましょう。

式　□ km□ m－□ m＝□ km□ m

答え（　　　　　）

●ふく習のめやす
き本テスト・かんれんドリルなどで
しっかりふく習しよう！

合かく

0点　　　　　80点　　100点

合 計
とく点　／100点

かんれん
ドリル

●数・りょう・図形　P.17〜22，
33・34
●文章題　P.11・12

---

1 つぎの□にあてはまる長さのたんいを書きましょう。　〔1問　6点〕

① 算数の教科書のあつさ　　　5 □

② プールの長さ　　　　　　　25 □

③ 1時間に自どう車が走る道のり　30 □

④ テーブルの高さ　　　　　　80 □

---

2 下のまきじゃくの図を見て，↓のところの目もりを読み，長さを（ ）に書きましょう。　〔1問　8点〕

①

```
  3m        10        20
```
（　　　　　）

②

```
      80        90        20m
```
（　　　　　）

---

3 つぎの①〜③と同じ長さを，下の□□の中からえらび，（ ）にその記号を書きましょう。　〔1問　8点〕

① 1km400m　　　② 1km40m　　　③ 1km4m

（　　　　）　　　（　　　　）　　　（　　　　）

㋐ 140m	㋑ 1400m	㋒ 14000m
㋓ 1004m	㋔ 1040m	

4 長さのたんいの間のかんけいをしめした下の図の（ ）にあてはまる数を書きましょう。 〔1つ 8点〕

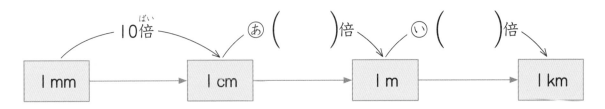

10倍

⑤（　）倍　　　◯（　）倍

| 1 mm | → | 1 cm | → | 1 m | → | 1 km |

5 下の図は，わたるさんの町のえきの近くをあらわしています。また，えきと市やくしょからの道のりは表のとおりです。つぎの問題に式を書いて答えましょう。 〔1問 10点〕

えきから小学校…1km400m
えきから公園…1km600m
えきから市やくしょ…600m
市やくしょからびょういん…300m
市やくしょから図書かん…400m

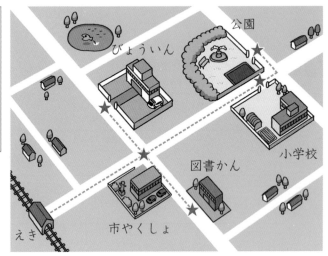

① えきから市やくしょの前を通ってびょういんまでの道のりは何mですか。

答え（　　　　　）

② 小学校から公園までの道のりは何mですか。

答え（　　　　　）

き本の問題のチェックだよ。
てきなかった問題は，しっかり学習してから
かんせいテストをやろう！

合 計
とく点 ／100点

かんれん
ドリル
●数・りょう・図形　P.23～32
●文章題　P.25～28

1 〈はかりの目もりの読み方〉
下のはかりの図を見て答えましょう。　　〔1問　6点〕

／18点

① いちばん小さい1目もりは，
何gをあらわしていますか。

（　　　　）

② このはかりは，何kgまでは
かれますか。（　　　　）

③ はりは，何gをさしていま
すか。
（　　　　）

2 〈はかりの目もりの読み方〉
はりは，何gをさしていますか。　　〔1問　6点〕

／36点

①
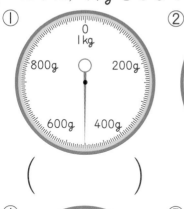
（　　　　）

②

（　　　　）

③

（　　　　）

④

（　　　　）

⑤

（　　　　）

⑥
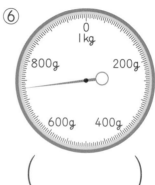
（　　　　）

3 〈はかりの目もりの読み方〉
はりがさしている目もりを読んで，（　）に書きましょう。

〔1問　6点〕

①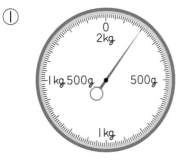

②

（　　　　　　）　　　　（　　　　　　　　）

4 〈kgとg，t〉
1kg＝1000g，1t＝1000kg です。つぎの□にあてはまる数を書きましょう。

〔1問ぜんぶできて　4点〕

① 1kg600g＝□ g

② 1050g＝□ kg □ g

③ 1300kg＝□ t □ kg

5 〈重さのたし算とひき算〉
さとうが400g入ったふくろと，250g入ったふくろがあります。つぎの問題に答えましょう。

〔1問　11点〕

① さとうは，ぜんぶで何gありますか。

式 □ g＋□ g＝□ g　答え（　　　　　　）

② 2つのふくろの，さとうの重さのちがいは何gですか。

式 □ g－□ g＝□ g　答え（　　　　　　）

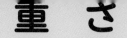 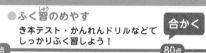
●ふく習のめやす

き本テスト・かんれんドリルなどて
しっかりふく習しよう！

合かく

0点　　　　　　　　80点　　100点

合　計
とく点

／100点

かんれん
ドリル

●数・りょう・図形　P.23〜34
●文章題　P.25〜28

1 下のはかりの図を見て答えましょう。　　　　〔1問　6点〕

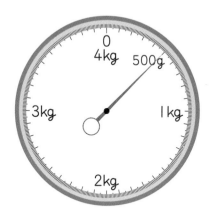

① いちばん小さい1目もりは，何gをあ
らわしていますか。　（　　　　　　）

② このはかりは，何kgまではかれますか。
（　　　　　　）

③ はりは，何gをさしていますか。
（　　　　　　）

2 はりがさしている重さを書きましょう。　　　　〔1問　8点〕

①

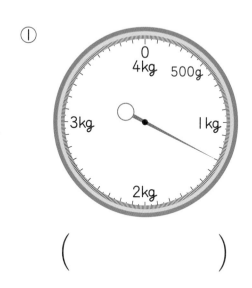

（　　　　　　）

②

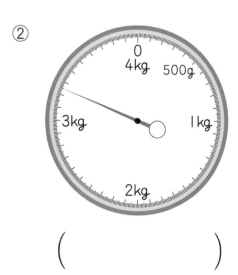

（　　　　　　）

3 下の体重計があらわしている重さを書きましょう。　〔1問　5点〕

①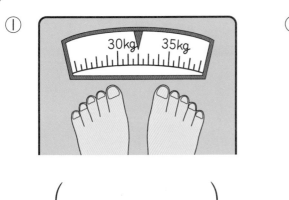

②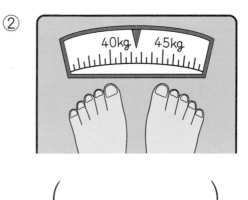

(　　　　　　)　　　(　　　　　　)

4 □にあてはまる不等号を書きましょう。　〔1問　6点〕

① 1kg 500g □ 1060g 　　② 2300g □ 2kg 90g

③ 1.2kg □ 1020g 　　　　④ 0.8kg □ 900g

⑤ 1t □ 990kg 　　　　　　⑥ 1050kg □ 1t 400kg

5 重さのたんいのかんけいをしめした下の図の( )にあてはまる数を書きましょう。　〔1つ　5点〕

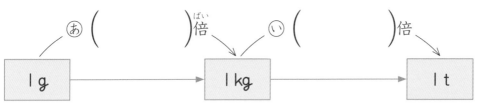

6 重さ1.5kgの木のはこに, りんごを4.8kg入れました。ぜんたいの重さは何kgになりますか。　〔10点〕

（式）

答え (　　　　　　)

き本の問題のチェックだよ。
てきなかった問題は，しっかり学習してから
かんせいテストをやろう！

合計
とく点 ／100点

かんれん
ドリル
●数・りょう・図形　P.53〜56
●文章題　P.13〜24

1 〈ある時こくから後の時こくのもとめ方〉

ひろとさんの家からえきまでは，歩いて10分かかります。午前9時15分に家を出ると，えきにつく時こくは何時何分ですか。〔20点〕

文章題 17ページ

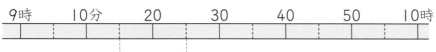

9時　10分　20　30　40　50　10時

（　　　　　　　）

2 〈ある時こくから前の時こくのもとめ方〉

ひろとさんの家からえきまでは，歩いて10分かかります。えきに午前8時15分につくには，家を何時何分に出ればよいでしょうか。

〔20点〕

文章題 19ページ

8時　10分　20　30　40　50　9時

（　　　　　　　）

3 〈時間のもとめ方〉

みゆさんは，午前9時15分から午前9時50分までピアノのれんしゅうをしました。ピアノのれんしゅうをしたのは，何分ですか。　〔20点〕

/20点

ぜんぶてきたら

文章題　13・14ページ

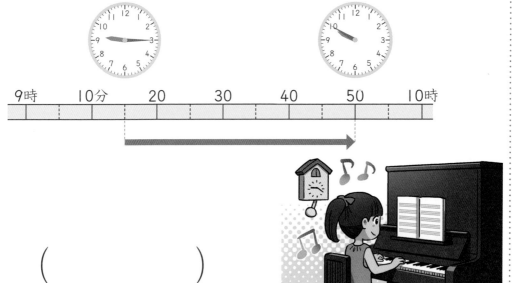

```
9時    10分    20    30    40    50    10時
```

（　　　　　　　　）

4 〈みじかい時間のたんい〉

みじかい時間は，下の図のような時計ではかります。この図を見て，①〜④に答えましょう。　〔1問　10点〕

/40点

ぜんぶてきたら

数・りょう・図形　53ページ〜

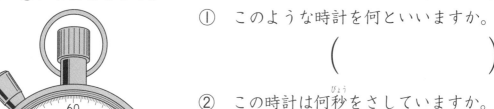

① このような時計を何といいますか。

（　　　　　　　　）

② この時計は何秒をさしていますか。

（　　　　　　　　）

③ この時計の長いはりが1まわりする時間は何分ですか。

（　　　　　　　　）

④ 1分は何秒ですか。

（　　　　　　　　）

34 かんせいテスト! 時こくと時間

かんせい 🕐
目ひょう時間 **20分**

●ふく習のめやす
き本テスト・かんれんドリルなどで **合かく**
しっかりふく習しよう!

0点 ──── 80点 ──── 100点

| 合 計 とく点 | /100点 |

かんれん ドリル
●数・りょう・図形　P.53〜56
●文章題　P.13〜24

1 つぎの（　）にあてはまる時間のたんい,「時間」「分」「秒」のどれかを書きましょう。　　　　〔1問　5点〕

① おふろに入っていた時間 …………………… 20（　　　　）

② 山のぼりにかかった時間 …………………… 5（　　　　）

③ 50m走るのにかかった時間 ……………… 20（　　　　）

2 時間のみじかいじゅんに,（　）に1, 2, 3と書きましょう。
　　　　〔1問ぜんぶできて　10点〕

① 1分　　　　　　5秒　　　　　　25秒
（　　　）　　　（　　　）　　　（　　　）

② 95秒　　　　　2分　　　　　1分40秒
（　　　）　　　（　　　）　　　（　　　）

3 右の時計を見て答えましょう。　　　　〔1問　5点〕

① 30分後の時こくは何時何分ですか。
（　　　　　　　　　　）

② 午前8時10分までの時間は何分ですか。
（　　　　　　　　　　）

③ 午前9時までの時間は何時間何分ですか。
（　　　　　　　　　　）

午前

4 れんさんの学校の1時間めは，午前8時40分にはじまります。じゅぎょう時間は45分間です。1時間めは，何時何分におわりますか。 〔10点〕

( )

5 こはるさんの家からえきまでは，歩いて25分かかります。午前10時にえきにつくには，家を何時何分に出たらよいでしょうか。 〔10点〕

( )

6 えいたさんは，日曜日に，午後1時20分から午後2時20分までべんきょうをしました。何時間べんきょうをしましたか。 〔15点〕

( )

7 ゆうかさんは，午前9時45分に家を出て，おばさんの家へ行きました。おばさんの家についたとき，時計を見るとちょうど午前11時でした。ゆうかさんが家を出てからおばさんの家につくまで，どれだけの時間がかかりましたか。 〔15点〕

( )

かんせい 🕐
目ひょう時間 **15**分

き本の問題のチェックだよ。
てきなかった問題は，しっかり学習してから
かんせいテストをやろう！

合　計
とく点　／100点

かんれん
ドリル

●数・りょう・図形　P.57〜66

1　〈円のぶぶんの名前〉
下の円を見て，①〜③に答えましょう。　　〔1問　7点〕

／21点

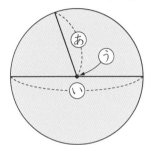

①　あを何といいますか。（　　　　　　）

②　いを何といいますか。（　　　　　　）

③　うを何といいますか。（　　　　　　）

✓ ぜんぶ
てきたら

数・りょう・
図形　57ページ

2　〈円のかき方〉
コンパスをつかって，つぎのような円をかきましょう。〔1問　9点〕

／18点

①　半径が2cmの円　　　　　②　半径が3cmの円

✓ ぜんぶ
てきたら

数・りょう・
図形　58ページ

3　〈円の直径と半径〉
下の図を見て，（　）にあてはまることばや数を書きましょう。

〔1問　10点〕

／20点

半径
直径

①　直径は円の（　　　　　　）を通ります。

②　円の直径の長さは，半径の長さの（　　　　）
倍です。

✓ ぜんぶ
てきたら

数・りょう・
図形　57ページ

4 〈球のぶぶんの名前〉

下の右の図は，球をまん中で2つに切ったときの図です。①〜③に答えましょう。 〔1問 7点〕

数・りょう・図形 65ページ

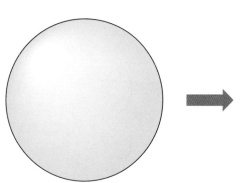

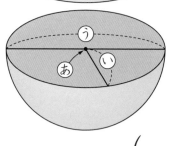

① あを何といいますか。 （　　　　　　）

② いを何といいますか。 （　　　　　　）

③ うを何といいますか。 （　　　　　　）

5 〈球の切り口〉

下の図のように球を切ります。①，②に答えましょう。〔1問 10点〕

数・りょう・図形 65ページ

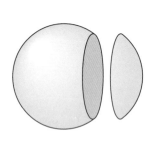 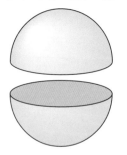 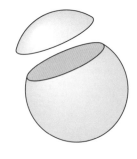

① 切り口はどんな形をしていますか。 （　　　　　　）

② 切り口がいちばん大きいのは，どのように切ったときですか。
□にあてはまることばを書きましょう。

（ 球の ☐ を通るように切ったとき。 ）

●ふく習のめやす
き本テスト・かんれんドリルなどで
しっかりふく習しよう！
合かく
0点　80点　100点

合　計
とく点　／100点

かんれん
ドリル

●数・りょう・図形　P.57〜66

1 下の円を見て，あ，いの長さを書きましょう。〔1問　7点〕

① ②

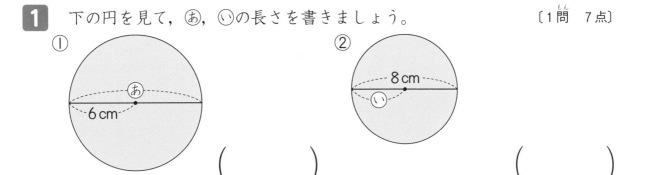

（　　　　　）　　　　　（　　　　　）

2 下の図のように，円の中にひいたあ〜えの直線のうち，いちばん長いのはどれですか。〔8点〕

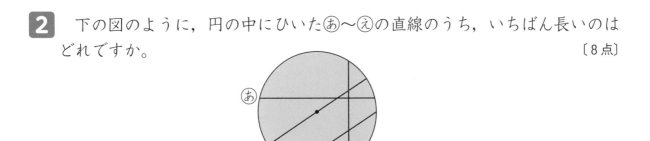

（　　　　　）

3 つぎのような円をかきます。コンパスの先を，何cmにひらいたらよいでしょうか。〔1問　7点〕

① 直径が14cmの円　　　　　② 直径が16cmの円

（　　　　　）　　　　　（　　　　　）

4 下の図を見て，①，②に答えましょう。〔1問　7点〕

① 大きい円の半径は何cmですか。

（　　　　　）

20cm

② 小さい円の半径は何cmですか。

（　　　　　）

5 下の円は，どれも直径が6cmです。直線アイの長さは，それぞれ何cmですか。 〔1問 10点〕

①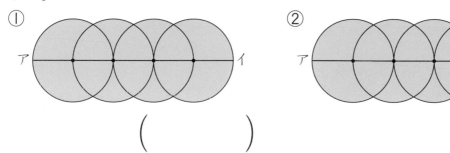

（　　　　　）

②

（　　　　　）

6 下の図のようなもようを，右の正方形をつかってコンパスでかきましょう。 〔10点〕

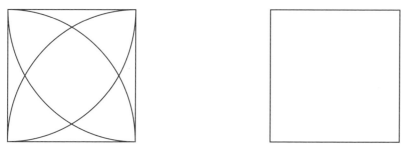

7 下の図のように，はこにボールがぴったり入っています。ボールの直径は何cmですか。 〔10点〕

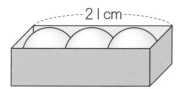

式

答え（　　　　　）

8 ⑧と◎は，どちらが長いでしょうか。コンパスをつかってしらべましょう。 〔10点〕

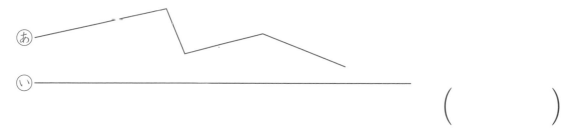

（　　　　　）

き本の問題のチェックだよ。
てきなかった問題は，しっかり学習してから
かんせいテストをやろう！

合 計
とく点 /100点

かんれん
ドリル

●数・りょう・図形　P.67〜72

1 〈二等辺三角形〉
つぎの三角形を見て答えましょう。　　〔1問　6点〕

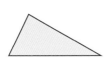　あ
　い
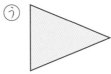　う

 /12点

✓ ぜんぶ
てきたら

数・りょう・図形 67・68ページ

① 2つの辺が同じ長さの三角形はどれですか。
コンパスやものさしでしらべて答えましょう。　（　　　　　）

② 2つの辺の長さが同じ三角形を何と
いいますか。　（　　　　　）

2 〈二等辺三角形のかき方〉
下の図のような二等辺三角形を□の中にかいています。つづきをか
きましょう。　　　〔11点〕

 /11点

✓ ぜんぶ
てきたら

数・りょう・図形 69・70ページ

3 cm　3 cm
4 cm

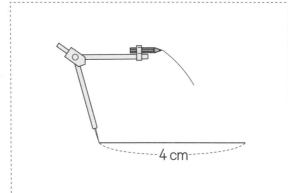
4 cm

3 〈正三角形〉
つぎの三角形を見て答えましょう。　　〔1問　6点〕

　あ
　い
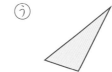　う

 /12点

✓ ぜんぶ
てきたら

数・りょう・図形 67・68ページ

① 3つの辺が同じ長さの三角形はどれですか。
コンパスやものさしでしらべて答えましょう。　（　　　　　）

② 3つの辺の長さが同じ三角形を何と
いいますか。　（　　　　　）

4 〈正三角形のかき方〉

下の図のような正三角形を 　 の中にかいています。つづきをかきましょう。

〔11点〕

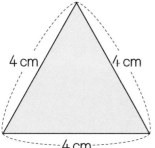

4 cm　4 cm

4 cm

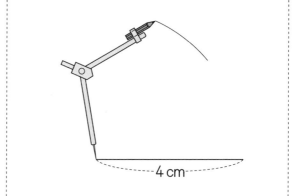

4 cm

5 〈角につけられた名前〉

下の図を見て，（　）にあてはまることばを書きましょう。

〔1つ　6点〕

あ（　　　　　）　い（　　　　　）

う（　　　　　）

6 〈二等辺三角形の角の大きさ〉

下の二等辺三角形を見て，①，②に答えましょう。〔1問　6点〕

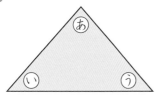

①　いの角と同じ大きさの角はどれですか。（　　　　　）

②　同じ大きさの角はいくつありますか。（　　　　　）

7 〈正三角形の角の大きさ〉

下の正三角形を見て，①〜③に答えましょう。〔1問　8点〕

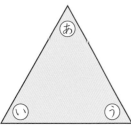

①　あの角といの角の大きさは同じですか，ちがいますか。（　　　　　）

②　いの角とうの角の大きさは同じですか，ちがいますか。（　　　　　）

③　うの角とあの角の大きさは同じですか，ちがいますか。（　　　　　）

1 下の三角形の名前を書きましょう。　　　　　〔1問 5点〕

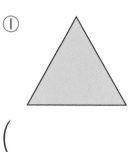

①　　　　　　　　②　　　　　　　　③

（　　　　　　　）（　　　　　　　）（　　　　　　　）

2 下の図のように，同じ形の三角じょうぎを2まいならべると，どんな三角形ができますか。　　　　　〔1問 5点〕

①　　　　　　　　②　　　　　　　　③

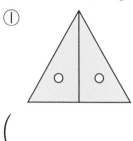
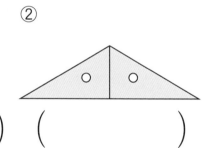
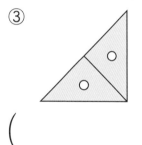

（　　　　　　　）（　　　　　　　）（　　　　　　　）

3 長方形の紙を2つにおって，直線アイで切りとり，ひらくとどんな三角形ができますか。　　　　　〔1問 10点〕

①　　　　　　　　②　　　　　　　　③

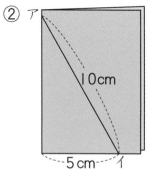
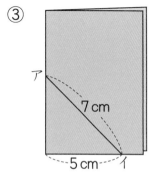

（　　　　　　　）（　　　　　　　）（　　　　　　　）

4 つぎの三角じょうぎの図を見て, ①～④に⑩～⑰で答えましょう。

〔1問 5点〕

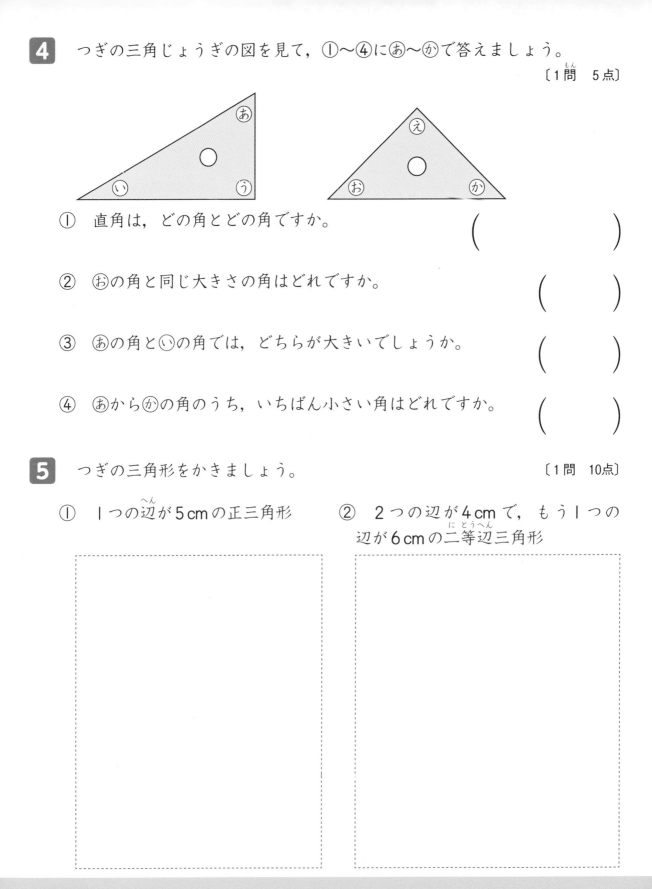

① 直角は, どの角とどの角ですか。

( )

② ⑰の角と同じ大きさの角はどれですか。

( )

③ ⑩の角と⑰の角では, どちらが大きいでしょうか。

( )

④ ⑩から⑰の角のうち, いちばん小さい角はどれですか。

( )

5 つぎの三角形をかきましょう。

〔1問 10点〕

① 1つの辺が5cmの正三角形

② 2つの辺が4cmで, もう1つの辺が6cmの二等辺三角形

●数・りょう・図形　P.75～82

き本の問題のチェックだよ。
できなかった問題は，しっかり学習してから
かんせいテストをやろう！

合　計
とく点 ／100点

かんれん
ドリル

1 〈表の読み方〉
　下の表は，あやかさんのクラスの人が，月曜日の昼休みにどこで何をしてあそんだかをあらわしたものです。この表を見て，下の問題に答えましょう。

〔1問　8点〕

／48点

✓ ぜんぶ
てきたら

数・りょう・
図形 **75**
ページ→

あそびの場しょとしゅるい

場しょ ＼ しゅるい	てつぼう	ボールあそび	おにごっこ	読　　書	合計
教　室	0	0	2	2	4
校てい	3	8	6	0	17
中にわ	2	3	4	0	9
体いくかん	0	4	5	0	9
合　計	5	15	17	2	39

①　体いくかんでおにごっこをした人は何人ですか。

（　　　　　）

②　校ていでは何をしてあそんだ人がいちばん多いでしょうか。

（　　　　　）

③　ボールあそびをした人はぜんぶで何人ですか。

（　　　　　）

④　おにごっこをした人はぜんぶで何人ですか。

（　　　　　）

⑤　中にわであそんだ人はぜんぶで何人ですか。

（　　　　　）

⑥　何をしてあそんだ人がいちばん多いでしょうか。

（　　　　　）

2 〈グラフの読み方〉
　下のグラフは，火曜日の昼休みに学校の前を通ったのりもののしゅるいと，その数をあらわしたものです。このグラフを見て，下の問題に答えましょう。

〔1問　8点〕

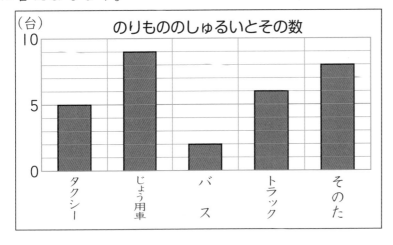

①　このようなグラフを何グラフといいますか。（　　　　　　　　）

②　1目もりは何台をあらわしていますか。（　　　　　　　　）

③　トラックは何台通りましたか。（　　　　　　　　）

④　いちばん多く通ったのは何ですか。（　　　　　　　　）

3 〈グラフの読み方〉
　下のグラフで，1目もりはそれぞれどれだけの大きさをあらわしていますか。

〔1問　5点〕

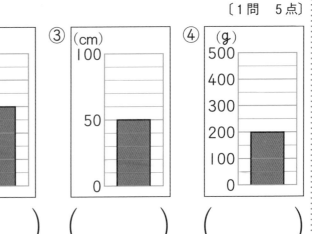

①（　　　　　）　②（　　　　　）　③（　　　　　）　④（　　　　　）

● ふく習のめやす
き本テスト・かんれんドリルなどで
しっかりふく習しよう！

合かく

0点 —————— 80点 —— 100点

| 合 計 とく点 | /100点 |

かんれん
ドリル

● 数・りょう・図形　P.75〜82

1　下の絵は，はるとさんとそうまさんの2人がとった虫です。これを下の表にせい理します。つぎの①〜⑥に答えましょう。　〔1問ぜんぶできて　7点〕

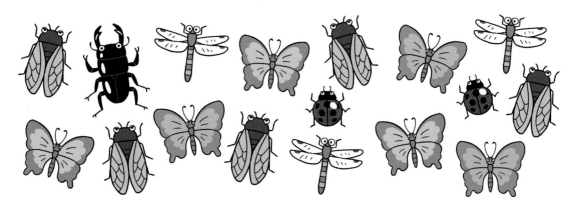

とった虫の数

虫の名前	せ　み	とんぼ	てんとう虫	ちょう	くわがた	合　計
数　（ひき）	正	下				
	5					

① 　上の表で，「正」は何びきをあらわしていますか。　（　　　　　）

② 　上の絵を見て，それぞれの虫は何びきか，表のあいているところに「正」の字を書いてしらべましょう。

③ 　それぞれ何びきか，またぜんぶで何びきか，表のあいているところに数字で書きましょう。

④ 　とった虫の中でいちばん多いのは何ですか。　（　　　　　）

⑤ 　とった虫の中でいちばん少ないのは何ですか。　（　　　　　）

⑥ 　せみととんぼの数のちがいは何びきですか。　（　　　　　）

2 下の表は，ゆうなさんのクラスでうえたへちまに，みが何こなったかをあらわしたものです。つぎの①〜⑦に答えましょう。　　〔①10点，②〜⑦8点〕

へちまの数

はん	1ぱん	2はん	3ぱん	4ぱん	5はん
数（こ）	8	6	7	4	5

① 上の表を右のようなグラフにあらわしています。
　つづきをかきましょう。

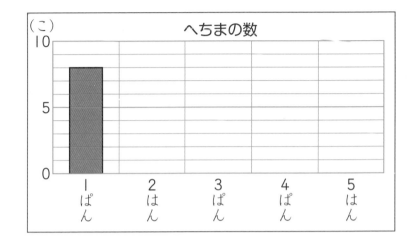

② へちまは，どのはんがいちばん多くなりましたか。

（　　　　　　）

③ いちばん少なかったのは，どのはんですか。

（　　　　　　）

④ 1ぱんと4ぱんのへちまの数のちがいは何こですか。

（　　　　　　）

⑤ 2はんと4ぱんでは，どちらが何こ多いでしょうか。

（　　　　　　）

⑥ 1ぱんより3こ少ないはんは，どのはんですか。

（　　　　　　）

⑦ ゆうなさんのクラスでは，へちまがぜんぶで何こなりましたか。

（　　　　　　）

□をつかった式

合 計 とく点 ／100点

かんれん ドリル

●文章題　P.59〜70

1　〈□をつかったたし算の式の答えのもとめ方〉
　　□＋26＝32 の□にあてはまる数をもとめます。つぎの数で，□に
あてはまる数には○，あてはまらない数には×を書きましょう。

／18点
✓ ぜんぶ てきたら

〔1問　3点〕

① 4 （　　　　） 　② 5 （　　　　） 　③ 6 （　　　　）

④ 7 （　　　　） 　⑤ 8 （　　　　） 　⑥ 9 （　　　　）

2　〈□をつかったひき算の式の答えのもとめ方〉
　　□－15＝28 の□にあてはまる数をもとめます。つぎの数で，□に
あてはまる数には○，あてはまらない数には×を書きましょう。

／18点
✓ ぜんぶ てきたら

〔1問　3点〕

① 40 （　　　　） 　② 41 （　　　　） 　③ 42 （　　　　）

④ 43 （　　　　） 　⑤ 44 （　　　　） 　⑥ 45 （　　　　）

3　〈□をつかったかけ算の式の答えのもとめ方〉
　　□×8＝48 の□にあてはまる数をもとめます。つぎの数で，□にあ
てはまる数には○，あてはまらない数には×を書きましょう。

／18点
✓ ぜんぶ てきたら

〔1問　3点〕

① 2 （　　　　） 　② 3 （　　　　） 　③ 4 （　　　　）

④ 5 （　　　　） 　⑤ 6 （　　　　） 　⑥ 7 （　　　　）

4　〈□をつかったわり算の式の答えのもとめ方〉
　　□÷6＝4 の□にあてはまる数をもとめます。つぎの数で，□にあ
てはまる数には○，あてはまらない数には×を書きましょう。

／18点
✓ ぜんぶ てきたら

〔1問　3点〕

① 20 （　　　　） 　② 21 （　　　　） 　③ 22 （　　　　）

④ 23 （　　　　） 　⑤ 24 （　　　　） 　⑥ 25 （　　　　）

5 〈□をつかった式のつくり方〉

はとが12わいました。そこへあとから何わかとんできたので，ぜんぶで21わになりました。

あとからとんできたはとの数を□わとして，

> はじめの数＋あとからの数＝ぜんぶの数

にあわせた式を書きましょう。 〔7点〕

式

6 〈□をつかった式のつくり方〉

ゆりさんは，おはじきを何こかもっていました。友だちに14こあげたら，のこりが28こになりました。

はじめにもっていたおはじきの数を□ことして，

> はじめの数－あげた数＝のこりの数

にあわせた式を書きましょう。 〔7点〕

式

7 〈□をつかった式のつくり方〉

1まい7円の色紙を何まいか買って，35円はらいました。

色紙のまい数を□まいとして，

> 1まいのねだん×まい数＝だい金

にあわせた式を書きましょう。 〔7点〕

式

8 〈□をつかった式のつくり方〉

みかんが40こあります。これを何人かで同じ数ずつ分けたら，1人分が5こになりました。

みかんを分けた人数を□人として，

> ぜんぶの数÷人数＝1人分の数

にあわせた式を書きましょう。 〔7点〕

式

●ふく習のめやす

き本テスト・かんれんドリルなどで しっかりふく習しよう！

合かく

0点 ——————— 80点 ——— 100点

合 計 とく点 ／100点

かんれん ドリル

●文章題 P.59～70

1 つぎの式の□にあてはまる数を（ ）に書きましょう。　〔1問　4点〕

① □＋8＝15 （　　　　） ② □＋12＝19 （　　　　）

③ 52＋□＝68 （　　　　） ④ 38＋□＝54 （　　　　）

⑤ □－8＝15 （　　　　） ⑥ □－24＝6 （　　　　）

⑦ 15－□＝1 （　　　　） ⑧ 32－□＝12 （　　　　）

⑨ □×3＝27 （　　　　） ⑩ □×3＝36 （　　　　）

⑪ 5×□＝35 （　　　　） ⑫ 12×□＝48 （　　　　）

⑬ □÷7＝4 （　　　　） ⑭ □÷9＝3 （　　　　）

⑮ 4÷□＝1 （　　　　） ⑯ 12÷□＝2 （　　　　）

2 まきさんは，シールを8まいもらったので，ぜんぶで52まいになりました。まきさんは，はじめにシールを何まいもっていましたか。
　はじめにもっていたシールの数を□まいとしてたし算の式に書き，答えをもとめましょう。　　　　　　　　　　　　　　　　　　　　　〔9点〕
　式

　答え（　　　　　　　）

3 はるかさんが，同じねだんのおり紙を8まい買ったら，だい金が56円でした。おり紙1まいのねだんは何円ですか。
　おり紙1まいのねだんを□円としてかけ算の式に書き，答えをもとめましょう。　　　　　　　　　　　　　　　　　　　　　　　　　　　〔9点〕
　式

　答え（　　　　　　　）

4 みかんがありました。友だちとみんなで9こ食べたら，のこりが16こになりました。みかんは，はじめに何こありましたか。
　はじめにあったみかんの数を□ことしてひき算の式に書き，答えをもとめましょう。　　　　　　　　　　　　　　　　　　　　　　　　〔9点〕
　式

　答え（　　　　　　　）

5 紙テープがありました。これを6cmずつに切っていったら，ちょうど9本できました。はじめに紙テープは何cmありましたか。
　はじめの紙テープの長さを□cmとしてわり算の式に書き，答えをもとめましょう。　　　　　　　　　　　　　　　　　　　　　　　　　〔9点〕
　式

　答え（　　　　　　　）

●ふく習のめやす
かんれんドリルなどで
しっかりふく習しよう！

合かく

0点 ――――― 80点 ― 100点

合計
とく点 ╱ 100点

かんれん
ドリル

●文章題 P.87〜92

1 下の図のように，長さ70cmのテープを2本つなぎました。つなぎめを5cm にすると，テープの長さは，ぜんたいで何cmになりますか。 〔15点〕

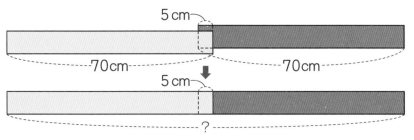

式

答え（　　　　　）

2 長さ150cmのぼうに，70cmのぼうをつなぎました。つなぎめは20cmで す。ぼうの長さは，ぜんたいで何cmですか。 〔15点〕

式

答え（　　　　　）

3 120cmのテープに，90cmのテープをつないで，ぜんたいの長さが200cm になるようにしたいとおもいます。つなぎめの長さを何cmにすればよいで しょうか。 〔15点〕

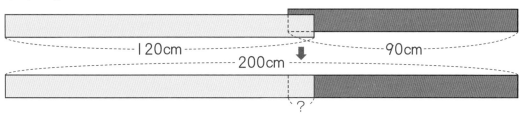

式

答え（　　　　　）

4 下の図のように10mごとに木がうえてあります。1本めから10本めの木までは何mありますか。 〔15点〕

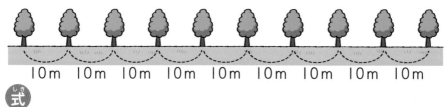

10m 10m 10m 10m 10m 10m 10m 10m 10m

式

答え（　　　　　　）

5 川ぎしにそって，20mごとにさくらの木が8本うえてあります。りょうはしのさくらの木は何mはなれていますか。 〔15点〕

式

答え（　　　　　　）

6 まるい形の池のまわりに，木が3mごとに10本うえてあります。池のまわりは何mありますか。 〔15点〕

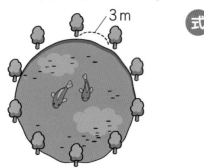

3m

式

答え（　　　　　　）

7 2mごとに8人の子どもがまるい形にならびました。このまるい形のまわりの長さは何mですか。 〔10点〕

式

答え（　　　　　　）

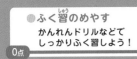

●ふく習のめやす
かんれんドリルなどで
しっかりふく習しよう！ 合かく

0点　　80点　100点

合計
とく点 ／100点

かんれん
ドリル

●文章題　P.54，93〜94

1 　23このいすを，1回に3こずつはこびます。ぜんぶのいすをはこぶには何回かかりますか。〔10点〕

 式

答え（　　　　　　　）

2 　34人の子どもが，長いす1きゃくに5人ずつすわりました。ぜんいんがすわるには，長いすは何きゃくいりますか。〔10点〕

 式

答え（　　　　　　　）

3 　50このりんごを，1はこに6こずつ入れます。6こ入りのはこは何はこできますか。〔10点〕

 式

答え（　　　　　　　）

4 　30cmの本立てに，あつさ4cmの本を立てていきます。本を何さつ立てることができますか。〔10点〕

 式

答え（　　　　　　　）

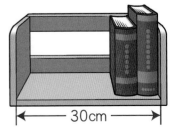
30cm

5 みかんとももがあわせて15こあります。みかんは，ももより3こ多いそうです。みかんとももは，それぞれ何こありますか。　　　〔20点〕

式

答え
$$\begin{cases} みかん…(\qquad\qquad) \\ もも　…(\qquad\qquad) \end{cases}$$

6 いけに金魚とこいがあわせて12ひきいます。金魚は，こいより2ひき多いそうです。金魚とこいは，それぞれ何びきいますか。　　　〔20点〕

式

答え
$$\begin{cases} 金魚…(\qquad\qquad) \\ こい…(\qquad\qquad) \end{cases}$$

7 赤いテープは，青いテープより3m長く，白いテープより4m長いそうです。3本のテープの長さをあわせると20mになります。3本のテープの長さは，それぞれ何mですか。　　　〔20点〕

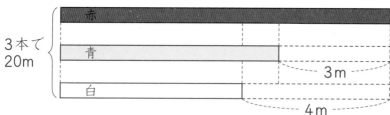

式

答え
$$\begin{cases} 赤いテープ…(\qquad\qquad) \\ 青いテープ…(\qquad\qquad) \\ 白いテープ…(\qquad\qquad) \end{cases}$$

仕上げテスト(1)

●ふく習のめやす
き本テストなどて
しっかりふく習しよう！
合かく
0点　　80点　　100点

合計 とく点　／100点

1 □にあてはまる数字や数を書きましょう。　〔1問　3点〕

① 84563100の百万の位の数字は □ です。

② 千万を5つと，百万を8つと，十万を3つと，一万を6つあわせた数は □ です。

③ 640000は1000を □ あつめた数です。

④ 38万を100倍した数は □ です。

⑤ 26000を10でわった数は □ です。

2 つぎの計算をしましょう。　〔1問　4点〕

①
```
  475
+ 183
```

②
```
  3405
+  967
```

③
```
  1267
+ 1834
```

④
```
  624
- 318
```

⑤
```
  1503
-  185
```

⑥
```
  3735
- 1869
```

3 つぎの□にあてはまる数を書きましょう。　〔1問ぜんぶできて　4点〕

① 3km = □ m

② 2000g = □ kg

③ 1kg60g = □ g

④ 85秒 = □ 分 □ 秒

4 つぎの計算をしましょう。 〔1問　4点〕

① $\begin{array}{r} 78 \\ \times\ 4 \\ \hline \end{array}$

② $\begin{array}{r} 376 \\ \times\ \ \ 8 \\ \hline \end{array}$

③ $\begin{array}{r} 64 \\ \times 32 \\ \hline \end{array}$

④ $\begin{array}{r} 53 \\ \times 76 \\ \hline \end{array}$

⑤ $\begin{array}{r} 134 \\ \times\ \ 26 \\ \hline \end{array}$

⑥ $\begin{array}{r} 407 \\ \times\ \ 38 \\ \hline \end{array}$

5 つぎのはりがさしている重さを書きましょう。 〔1問　4点〕

① 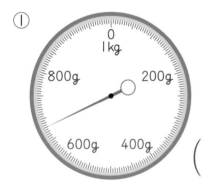 (　　　　　　)

② 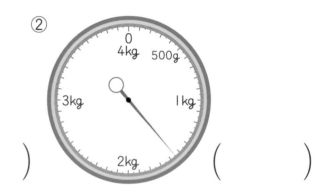 (　　　　　　)

6 ゆうかさんの家から学校までは，歩いて15分かかります。午前8時20分に学校につくには，家を何時何分に出たらよいでしょうか。 〔5点〕

(　　　　　　　)

7 りょうまさんは800円もっていました。きょう625円の本を買いました。のこっているお金は何円ですか。 〔8点〕

 式

答え (　　　　　　　)

目ひょう時間
15分

● ふく習のめやす
き本テストなどて
しっかりふく習しよう！

合かく

0点　　　　80点　　100点

合　計
とく点　　　／100点

1 □にあてはまる数を書きましょう。　〔1問　3点〕

① 1を5つと，0.1を9つあわせた数は □ です。

② 0.9は □ を9つあつめた数です。

③ $\frac{1}{4}$ を3つあつめた数は □ です。

④ 1は $\frac{1}{5}$ を □ つあつめた数です。

2 つぎの計算をしましょう。　〔1問　3点〕

① 35÷7　　② 48÷6　　③ 28÷5

④ 73÷8　　⑤ 60÷3　　⑥ 48÷4

3 どんぐりを，ゆうまさんは42こ，弟は7こひろいました。ゆうまさんのひろったどんぐりの数は弟の何倍ですか。　〔6点〕

式

答え（　　　　）

4 下の図のようにボールがぴったりとはこに入っています。このボールの直径は何cmですか。　〔6点〕

式

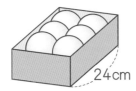
24cm

答え（　　　　）

5 つぎの計算をしましょう。 〔1問 4点〕

① 0.4＋0.8

② 1.6＋0.7

③ 0.9－0.3

④ 1.3－0.6

6 つぎの計算をしましょう。 〔1問 4点〕

① $\dfrac{2}{7}+\dfrac{3}{7}$

② $\dfrac{2}{8}+\dfrac{5}{8}$

③ $\dfrac{5}{6}+\dfrac{1}{6}$

④ $\dfrac{4}{5}-\dfrac{3}{5}$

⑤ $\dfrac{7}{9}-\dfrac{3}{9}$

⑥ $1-\dfrac{1}{4}$

7 1人が6まいずつ色紙を出しあったら，色紙はぜんぶで48まいになりました。色紙を出した人数を□人としてかけ算の式に書き，答えをもとめましょう。 〔6点〕

 式

答え （　　　　　　　）

8 つぎの形をかきましょう。 〔1問 6点〕

① 3つの辺の長さが5cm，3cm，3cmの二等辺三角形

② 直径が3cmの円

答　え　3年生

1 P.1-2　**2年生のふく習(1)**

1 ①2060　②5000　③5999　④35

2 ①＞　②＜　③＞　④＜

3 ①63　②113　③191　④39　⑤54
　　⑥329

4 ①15　②(左から)1, 26
　　③250

5 式　48＋25＝73
　　　(または, 25＋48＝73)
　答え　73こ

6 ①○い　②○あ　③○う

2 P.3-4　**2年生のふく習(2)**

1 ①42　②18　③32　④63　⑤35
　　⑥30　⑦18　⑧56　⑨30　⑩72

2 ①2　②15　③1000
　　④(左から)3, 6

3 ①正方形　②長方形　③三角形

4 25分(25分間)

5 式　100－15＝85　答え　85まい

6 式　5×4＝20　答え　20m

7 式　6×3＝18, 20－18＝2
　答え　2こ

8 式　8×5＝40, 40＋70＝110
　答え　110円

3 き本テスト　P.5-6　**大きな数**

1 ①7　②一万の位

2 ①1000(千)　②10000(一万)

3 ①一万の位　②十万の位　③百万の位
　　④千万の位

4 三千百二十五万四千六百八十九

5

千万の位	百万の位	十万の位	一万の位	千の位	百の位	十の位	一の位
8	6	2	4	6	5	1	2

6 ㋐1000　㋑15000

7 ①＞　②＜

8 ①㋐300　㋑500
　　②㋒31　㋓50

ポイント

★・千を10あつめた数を
　　　　10000
と書いて, 一万と読みます。

・一万の位から左へじゅんに,
十万の位, 百万の位, 千万の位と
いいます。

8	6	2	4	6	5	1	2
千万の位	百万の位	十万の位	一万の位	千の位	百の位	十の位	一の位

・大きな数は, 4けたごとにくぎ
ると, 読みやすくなります。

・千万を10あつめた数は
　　　100000000
と書いて, 一億と読みます。

★ ある数を10倍した数は，もとの数の右に0を1つつけた数になります。

千の10倍は，一万　　　10000
一万の10倍は，十万　　100000
十万の10倍は，百万　　1000000
百万の10倍は，千万　　10000000
千万の10倍は，一億　100000000

★ 一の位に0のある数を10でわった数は，もとの数の一の位の0をとった数になります。

---

4 かんせいテスト P.7-8 　大きな数

1 ①十五万三千六百二十八
　②七百四十二万千五百三十六
　③百六万五千七
　④二千四百七十万八十
2 ①165235　②71126100
　③9048020　④30000610
3 ①63540　②40608　③80040
4 ①150000　②80600000　③36
　④20000000　⑤99999　⑥10
5 ア…70万　イ…100万　ウ…150万
6 ①480　②56000　③560000
　④26　⑤320

---

5 き本テスト① P.9-10 　たし算

1
```
  1 2 4
+ 2 6 3
  3 8 7
```
2 ①9　②7　③5　④579
3 ①13, 13　②8　③3　④383
4 ①9　②12, 12　③6　④629

---

6 き本テスト② P.11-12 　たし算

1 ①14, 14　②15, 15　③4　④454
2 ①13, 13　②6　③12, 12　④1
　⑤1263
3 ①13, 13　②10, 10　③10, 10
　④1　⑤1003
4 ①7　②13, 13　③6　④3　⑤3637

ポイント

★ 3けた，4けたのたし算のひっ算は，2けたのたし算のひっ算と同じように，位をたてにそろえて書いて，一の位から計算します。

---

7 かんせいテスト P.13-14 　たし算

1 ①656　②392　③359　④645
　⑤713　⑥600　⑦1173　⑧1337
　⑨1126　⑩1301　⑪601　⑫323
2 ①3887　②3482　③3327
　④5155　⑤4356　⑥6002
3 式　272＋248＝520
　答え　520円
4 式　1635＋628＝2263
　答え　2263人

---

8 き本テスト① P.15-16 　ひき算

1
```
  3 8 5
- 2 3 1
  1 5 4
```
2 ①4　②2　③3　④324
3 ①4　②7　③3, 2　④274
4 ①9　②1, 2　③5, 2　④229

ポイント

★ 3けたのひき算のひっ算は，2けたのひき算のひっ算と同じように，位をたてにそろえて書いて，一の位から計算します。

9 き本テスト② P.17-18 **ひき算**

1 ①7 ②9, 2 ③3 ④327
2 ①1 ②5 ③3 ④1 ⑤1351
3 ①5 ②3 ③8 ④2 ⑤2835
4 ①8 ②3, 7 ③1, 7 ④2, 1
⑤1778

10 かんせいテスト P.19-20 **ひき算**

1 ①353 ②301 ③439 ④608
⑤726 ⑥174 ⑦386 ⑧345
⑨243 ⑩355 ⑪298 ⑫442
2 ①2253 ②1028 ③1635
④1663 ⑤2943 ⑥1497
3 式 465－318＝147
答え 147人
4 式 1500－735＝765
答え 765円

11 き本テスト P.21-22 **かけ算(1)**

1 ①0 ②0
2 ①0 ②0
3 ①3 ②3
4 ①あ3×5＝15 い5×3＝15
②3×5＝5×3
5 ①あ(4×2)×3＝24
い4×(2×3)＝24

②(4×2)×3＝4×(2×3)
6 ①3 ②30

ポイント

1 2 どんな数に0をかけても，答えは0になります。また，0にどんな数をかけても，答えは0になります。
〈れい〉 3×0＝0, 0×5＝0
3 ・かける数が1ふえると，答えはかけられる数だけ大きくなります。
〈れい〉 7×3 ＝ 21
↓1ふえる ↓7ふえる
7×4 ＝ 28
・かける数が1へると，答えはかけられる数だけ小さくなります。
〈れい〉 6×4 ＝ 24
↓1へる ↓6へる
6×3 ＝ 18
4 かけられる数とかける数を入れかえて計算しても，答えは同じになります。
〈れい〉 3×8＝8×3
5 3つの数のかけ算では，かけるじゅんじょをかえても，答えは同じです。
〈れい〉(5×4)×2＝5×(4×2)

12 かんせいテスト P.23-24 **かけ算(1)**

1 あ5 い4×3 う2×0 え0×5
お12 か0 き0
2 ①6 ②5 ③8
3 ①い ②あ ③え ④う
4 ①24 ②40
5 ①80 ②60 ③90 ④40

6 式 10×7＝70 答え 70円

13 き本テスト① P.25-26　かけ算(2)

1 150

2 1200

3
```
   3 4
 ×   2
 ─────
   6 8
```

4 ①18, 18　②6, 1, 7　③78

5 ①48, 48, 4　②24, 4, 28, 8, 2
　③288

ポイント

★ かけ算のひっ算は，つぎのように
します。
〈れい〉《43×2のひっ算》
```
①   4 3   ②   4 3   ③   4 3
  ×   2  ➡  ×   2  ➡  ×   2
  ─────     ─────     ─────
                6         8 6
```

① 位をたてにそろえて書く。
② 2×3=6　6を一の位に書く。
③ 2×4=8　8を十の位に書く。

14 き本テスト② P.27-28　かけ算(2)

1 ①9　②3　③6　④639

2 ①24, 24, 2　②4, 2, 6　③8　④864

3 ①24, 24, 2　②12, 2, 14, 4
　③6, 1, 7　④744

4 ①8　②32, 32, 3
　③12, 3, 15, 5　④1528

ポイント

★〈れい〉《146×3のひっ算》
```
①  1 4 6   ②  1 4 6   ③  1 4 6
 ×     3  ➡ ×     3  ➡ ×     3
 ───────    ───────    ───────
       8        3 8      4 3 8
```

① 3×6=18　8を一の位に書
　き，1をくり上げる。
② 3×4=12, 12+1=13
　十の位に3を書き，1をくり上
　げる。
③ 3×1=3, 3+1=4　百の
　位に4を書く。

15 かんせいテスト P.29-30　かけ算(2)

1 ①420　②630　③2400　④3000

2 ①28　②84　③568　④276　⑤216
　⑥108　⑦312　⑧532

3 ①286　②872　③966　④792
　⑤2760　⑥3346

4 式　85×8＝680
　答え　680円

5 式　125×4＝500, 500×6＝3000
　（または，125×4×6＝3000）
　答え　3000円

16 き本テスト① P.31-32　かけ算(3)

1 ①10　②(上から)156, 1560
　③1560

2
```
     1 2
 ×   2 4
 ───────
   4 8 ←①
 2 4   ←②
 2 8 8 ←③
```

3
```
     3 5
 ×   2 7
 ───────
 2 4 5 ←①
 7 0   ←②
 9 4 5 ←③
```

4

```
      7 4
   ×  3 8
  [5][9][2] ←①
  [2][2][2]  ←②
 [2][8][1][2] ←③
```

1

```
      4 8
   ×  3 0
 [1][4][4][0]
```

2 ①あ

```
      2 4        ⓘ    1 3
   ×  1 3        ×  2 4
   [7][2]         [5][2]
  [2][4]         [2][6]
  [3][1][2]       [3][1][2]
```

②同じ

③13×24

3 (左から)①26, 104　②47, 376

③5, 170　④6, 354

4

```
      2 6 5
   ×    2 3
   [7][9][5] ←①
  [5][3][0]  ←②
  [6][0][9][5] ←③
```

5

```
      4 0 2
   ×    3 7
 [2][8][1][4] ←①
 [1][2][0][6]  ←②
 [1][4][8][7][4] ←③
```

ポイント

★ かけ算の答えのたしかめは，か
けられる数とかける数を入れかえ
た計算でします。

1 ①60　②80　③600　④1200

⑤690　⑥640

2 ①

```
      3 2        ②    2 4        ③    3 0
   ×  1 2        ×  1 6        ×  2 7
      6 4          1 4 4          2 1 0
      3 2            2 4           6 0
      3 8 4          3 8 4          8 1 0
```

④

```
      5 6        ⑤    3 4        ⑥    5 6
   ×  1 4        ×  4 2        ×  7 4
      2 2 4            6 8          2 2 4
      5 6          1 3 6          3 9 2
      7 8 4        1 4 2 8        4 1 4 4
```

⑦

```
      6 3        ⑧    9 6
   ×  4 9        ×  7 0
      5 6 7        6 7 2 0
      2 5 2
      3 0 8 7
```

3 ①

```
      2 3 1        ②    7 0 1
   ×    3 2        ×    4 6
      4 6 2          4 2 0 6
      6 9 3          2 8 0 4
      7 3 9 2        3 2 2 4 6
```

4 ①

```
 ┌─計算───┐  ┌─たしかめ─┐
 │    9 0 │  │    8 4 │
 │  × 8 4 │  │  × 9 0 │
 │    3 6 0 │  │  7 5 6 0 │
 │  7 2 0  │  └──────┘
 │  7 5 6 0 │
 └──────┘
```

②

```
 ┌─計算───┐  ┌─たしかめ─┐
 │    5 8 │  │    2 9 │
 │  × 2 9 │  │  × 5 8 │
 │    5 2 2 │  │    2 3 2 │
 │  1 1 6  │  │  1 4 5  │
 │  1 6 8 2 │  │  1 6 8 2 │
 └──────┘  └──────┘
```

5 式　45×12＝540

答え　540円

6 式　25×40＝1000

答え　1000こ

19 き本テスト P.37-38　わり算(1)

1 ①3　②3

2 ①24, 4　②式 24÷4＝6　答え6こ

3 ①18, 6　②式 18÷6＝3　答え3人

4 ①0　②3　③1

5 20

6 ①20　②4　③24

ポイント

1 12÷4，10÷5のような計算をわり算といいます。
〈れい〉　12÷4の答えは，
□×4＝12(または, 4×□＝12)
の□にあてはまる数です。
4のだんの九九をつかって，
　四三12
だから，答えは3です。

4 わられる数が0のとき，答えはいつも0です。
〈れい〉　0÷5＝0, 0÷8＝0

20 かんせいテスト P.39-40　わり算(1)

1 ①8　②7　③4　④5　⑤8　⑥9
⑦4　⑧9

2 ①0　②1　③9　④0

3 ①21　②20　③30　④11

4 式　24÷6＝4
答え　4こ

5 式　36÷4＝9
答え　9人

6 式　48÷8＝6
答え　6まい

7 式　28÷4＝7
答え　7人

21 き本テスト P.41-42　わり算(2)

1 16÷3＝5 あまり 1

2 ①17÷5＝3 あまり 2
②5×3＋2＝17

3 ①32, 5
②32÷5＝6 あまり 2
③6, 2

4 ①30, 6
②30÷6＝5
③5

ポイント

1 わり算のあまりは，わる数よりも小さくなるようにします。

2 わり算のたしかめは，
(わる数)×(答え)＋(あまり)
＝(わられる数)
で計算します。

4 ある数がもとの数の何倍になるかをもとめるには，わり算をつかいます。

22 かんせいテスト P.43-44　わり算(2)

1 ①○　②×　③○　④×

2 ①7 あまり 7　②9 あまり 2
③8 あまり 3　④7 あまり 4
⑤5 あまり 3　⑥8 あまり 2
⑦8 あまり 3　⑧9 あまり 3

3 ①4 あまり 4
（たしかめ）　7×4＋4＝32
②5 あまり 4
（たしかめ）　8×5＋4＝44

4 式　35÷8＝4 あまり 3
答え　1人分は4まいで, 3まいあまる。

5 式　56÷6＝9あまり2

　答え　9人に分けられて，2まいあまる。

6 式　26÷3＝8あまり2

　答え　8本できて，2mあまる。

7 式　45÷9＝5　答え　5倍

---

23 き本テスト①
P.45-46　**小　数**

1 ①0.1L　②0.2L　③0.8L

2 ①1.3L　②1.6L

3 ①0.1cm　②0.8cm　③1.5cm

4 ①10dL　②0.1L　③10mm

　④0.1cm

5 ①0.5L，5dL　②1.2L，1L2dL

6 ①0.8cm，8mm

　②3.5cm，3cm5mm

---

24 き本テスト②
P.47-48　**小　数**

1 ①整数　②小数　③小数点

　④小数第一位（または，$\frac{1}{10}$の位）

2 ①0.7　②0.9　③1.1　④0.2

　⑤0.4　⑥0.7

3 ①④　　3.5　②12，12
　　　＋②.7　③6
　　　　6.2

4 ①④　　3.5　②8
　　　－1.7　③2，1
　　　　1.8

---

25 かんせいテスト
P.49-50　**小　数**

1 ①8　②13　③0.6　④2.6

2 あ0.4　い0.9　う1.6　え2.1

3 ①＜　②＞　③＞　④＜

4 ①0.7　②1　③1.9　④0.3

　⑤0.7　⑥1.3

5 ①4.4　②15.2　③16　④2.4

　⑤9　⑥2.4　⑦16.1　⑧9.5

6 式　1.5＋0.4＝1.9　答え　1.9L

7 式　1.5－0.6＝0.9　答え　0.9m

---

26 き本テスト①
P.51-52　**分　数**

1 ①$\frac{1}{4}$　②$\frac{2}{4}$　③$\frac{2}{3}$

2 $\frac{1}{3}$

3 ①$\frac{1}{4}$dL　②$\frac{2}{3}$dL　③$\frac{3}{5}$dL

4 ①分数　②分母　③分子

5 ①$\frac{2}{5}$　②$\frac{5}{6}$

6 ① $\dfrac{2}{6}$m　②5つ

7 ① $\dfrac{2}{5}$L　②4つ

---

27 き本テスト② P.53-54　分　数

1 ⓐ $\dfrac{1}{5}$　ⓘ $\dfrac{3}{5}$　ⓤ $\dfrac{5}{5}$

2 ①0.1　②0.6　③ $\dfrac{7}{10}$

3 ①2，3　②5　③5

4 ①2，3　②5，1　③（上から）5，1

5 ①6，2　②4　③4

6 ①5，3　②2　③2

ポイント

★ 分数のたし算は，分母はそのままで，分子だけをたします。

★ 分数のひき算は，分母はそのままで，分子だけをひきます。

---

28 かんせいテスト P.55-56　分　数

1 ① $\dfrac{4}{5}$　②5　③ $\dfrac{1}{7}$　④ $\dfrac{1}{6}$

2 ⓐ $\dfrac{1}{7}$　ⓘ $\dfrac{3}{7}$　ⓤ $\dfrac{6}{7}$

3 ①>　②>　③=

4 ① $\dfrac{3}{4}$　② $\dfrac{4}{5}$　③ $\dfrac{5}{6}$　④ $\dfrac{7}{9}$　⑤1　⑥1

5 ① $\dfrac{3}{7}$　② $\dfrac{3}{8}$　③ $\dfrac{1}{5}$　④ $\dfrac{2}{9}$　⑤ $\dfrac{3}{7}$　⑥ $\dfrac{3}{5}$

6 式　$\dfrac{7}{10}+\dfrac{2}{10}=\dfrac{9}{10}$　答え　$\dfrac{9}{10}$m

7 式　$\dfrac{7}{9}-\dfrac{3}{9}=\dfrac{4}{9}$

答え　きょうのほうが $\dfrac{4}{9}$L多い。

---

8 式　$1-\dfrac{5}{8}=\dfrac{3}{8}$　答え　$\dfrac{3}{8}$m

---

29 き本テスト P.57-58　長　さ

1 ①ものさし　②まきじゃく
③まきじゃく　④ものさし

2 ⓐ60cm　ⓘ1m10cm　ⓤ1m70cm
ⓔ1m90cm

3 115m

4 ①800m　②530m

5 ①1000m　②1km

6 ①式　400m＋1km500m
＝1km900m　答え　1km900m

②式　1km500m－400m
＝1km100m　答え　1km100m

ポイント

★ まっすぐはかった長さをきょり，道にそってはかった長さを道のりといいます。

★ キロメートルは，長い道のりやきょりをあらわすときにつかうたんいです。1kmは1mの1000倍です。　1km＝1000m

---

30 かんせいテスト P.59-60　長　さ

1 ①mm　②m　③km　④cm

2 ①3m8cm　②19m98cm

3 ①ⓘ　②ⓐ　③ⓔ

4 ⓐ100　ⓘ1000

5 ①式　600m＋300m＝900m
答え　900m

②式　1km600m－1km400m
＝200m
答え　200m

31 き本テスト P.61-62 重さ

1 ①5g ②1kg ③200g
2 ①500g ②300g ③900g
　④70g ⑤350g ⑥730g
3 ①200g ②1kg300g
4 ①1600 ②(左から)1, 50
　③(左から)1, 300
5 ①式 400g＋250g＝650g
　答え 650g
　②式 400g－250g＝150g
　答え 150g

ポイント

★ 重さをあらわすには，グラムをたんいにします。グラムはgと書きます。
★ キログラム(kg)，トン(t)も重さをあらわすたんいです。1kgは1gの1000倍です。
　1kg＝1000g　1t＝1000kg

32 かんせいテスト P.63-64 重さ

1 ①10g ②4kg ③500g
2 ①1kg300g ②3kg250g
3 ①32kg ②42kg500g (42.5kg)
4 ①＞ ②＞ ③＞ ④＜ ⑤＞ ⑥＜
5 ⑥1000 ⑤1000
6 式 1.5kg＋4.8kg＝6.3kg
　答え 6.3kg

33 き本テスト P.65-66 時こくと時間

1 午前9時25分
2 午前8時5分

3 35分(35分間)
4 ①ストップウォッチ ②15秒 ③1分
　④60秒

ポイント

★ 秒は，みじかい時間のたんいです。

$$1分＝60秒$$

34 かんせいテスト P.67-68 時こくと時間

1 ①分 ②時間 ③秒
2 ①1分…3, 5秒…1, 25秒…2
　②95秒…1, 2分…3, 1分40秒…2
3 ①午前8時15分 ②25分(25分間)
　③1時間15分
4 午前9時25分
5 午前9時35分
6 1時間
7 1時間15分

35 き本テスト P.69-70 円と球

1 ①半径 ②直径 ③中心
2 ① ②
3 ①中心 ②2
4 ①中心 ②半径 ③直径
5 ①円 ②中心

ポイント

★ 1つの円では，半径はどれも同じ長さになっています。
★ 1つの円では，直径はどれも同じ長さで，半径の長さの2倍です。

36 かんせいテスト P.71-72 　円と球

1 ①12cm　②4cm
2 ⓘ
3 ①7cm　②8cm
4 ①10cm　②5cm
5 ①15cm　②18cm
6 （図はしょうりゃく。コンパスのはり
　を正方形の4つのちょう点にさして
　かく。）
7 式　21÷3＝7　答え　7cm
8 ⓘ

37 き本テスト P.73-74 　三角形と角

1 ①ⓤ　②二等辺三角形
2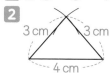
3cm　3cm
4cm

3 ①ⓐ　②正三角形
4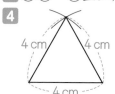
4cm　4cm
4cm

5 ⓐちょう点　ⓘ辺　ⓤ角
6 ①ⓤの角　②2つ
7 ①同じ　②同じ　③同じ

ポイント

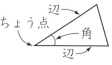

★・右の図のよう
　に，1つのちょ
　う点から出てい
　る2つの辺がつくる形を**角**といい
　ます。
　・角の大きさは，辺の長さにかん
　けいなく，辺のひらきできまりま
　す。
★・2つの辺の長さが同じ三角形を
　二等辺三角形といいます。
　・二等辺三角形には，同じ大きさ
　の角が2つあります。
★・3つの辺の長さが同じ三角形を
　正三角形といいます。
　・正三角形の3つの角の大きさは
　どれも同じになっています。

38 かんせいテスト P.75-76 　三角形と角

1 ①正三角形　②直角三角形
　③二等辺三角形
2 ①正三角形　②二等辺三角形
　③直角三角形（または，二等辺三角形）
3 ①二等辺三角形　②正三角形
　③二等辺三角形
4 ①ⓤとⓔ　②ⓚ
　③ⓐ　④ⓘ
5 ①
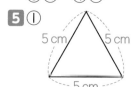
5cm　5cm
5cm
　②
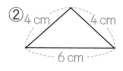
4cm　4cm
6cm

39 き本テスト P.77-78 表とグラフ

1 ①5人　②ボールあそび　③15人
④17人　⑤9人　⑥おにごっこ

2 ①ぼうグラフ　②1台　③6台
④じょう用車

3 ①2本　②5人　③10cm　④50g

ポイント

★ ぼうグラフでは，1目もりがど
れだけをあらわしているかをしら
べることがたいせつです。

40 かんせいテスト P.79-80 表とグラフ

1 ①5ひき　②，③（下の表）

とった虫の数

虫の名前	せみ	とんぼ	てんとう虫	ちょう	くわがた	合 計
数（ひき）	正	下	丅	正一	一	
	5	3	2	6	1	17

④ちょう　⑤くわがた　⑥2ひき

2 ①

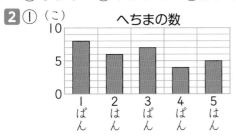

②1ぱん　③4ぱん　④4こ
⑤2はんが2こ多い　⑥5はん
⑦30こ

41 き本テスト P.81-82 □をつかった式

1 ①×　②×　③○　④×　⑤×　⑥×
2 ①×　②×　③×　④○　⑤×　⑥×
3 ①×　②×　③×　④×　⑤○　⑥×
4 ①×　②×　③×　④×　⑤○　⑥×

5 式　12＋□＝21
6 式　□－14＝28
7 式　7×□＝35
8 式　40÷□＝5

ポイント

★ □をつかった式は，つぎのよう
にしてつくります。
① まず，ことばの式を書いてみる。
② ことばの式に，数をあてはめる。
③ わからない数を□として式を
つくる。

42 かんせいテスト P.83-84 □をつかった式

1 ①7　②7　③16　④16
⑤23　⑥30　⑦14　⑧20
⑨9　⑩12　⑪7　⑫4
⑬28　⑭27　⑮4　⑯6

2 式　□＋8＝52
答え　44まい

3 式　□×8＝56
答え　7円

4 式　□－9＝16
答え　25こ

5 式　□÷6＝9
答え　54cm

43 かんせいテスト P.85-86 いろいろな問題(1)

1 式　70＋70－5＝135　答え　135cm
2 式　150＋70－20＝200
答え　200cm
3 式　120＋90＝210，210－200＝10
答え　10cm

4 式　10−1＝9, 10×9＝90

答え　90m

5 式　8−1＝7, 20×7＝140

答え　140m

6 式　3×10＝30　答え　30m

7 式　2×8＝16　答え　16m

1 式　23÷3＝7あまり2, 7＋1＝8

答え　8回

2 式　34÷5＝6あまり4, 6＋1＝7

答え　7きゃく

3 式　50÷6＝8あまり2

答え　8はこ

4 式　30÷4＝7あまり2

答え　7さつ

5 式　15＋3＝18, 18÷2＝9

9−3＝6

［または, 15−3＝12, 12÷2＝6
15−6＝9　　　　　　　　　　］

答え　みかん…9こ

もも　…6こ

6 式　12＋2＝14, 14÷2＝7

7−2＝5

［または, 12−2＝10, 10÷2＝5
12−5＝7　　　　　　　　　　］

答え　金魚…7ひき

こい…5ひき

7 式　20＋3＋4＝27, 27÷3＝9,

9−3＝6, 9−4＝5

答え　赤いテープ…9m

青いテープ…6m

白いテープ…5m

1 ①4　②58360000　③640

④3800万　⑤2600

2 ①658　②4372　③3101　④306

⑤1318　⑥1866

3 ①3000　②2　③1060

④(左から)1, 25

4 ①312　②3008　③2048

④4028　⑤3484　⑥15466

5 ①680g　②1kg550g

6 午前8時5分

7 式　800−625＝175

答え　175円

1 ①5.9　②0.1　③$\frac{3}{4}$　④5

2 ①5　②8　③5あまり3

④9あまり1　⑤20　⑥12

3 式　42÷7＝6　答え　6倍

4 式　24÷3＝8　答え　8cm

5 ①1.2　②2.3　③0.6　④0.7

6 ①$\frac{5}{7}$　②$\frac{7}{8}$　③1　④$\frac{1}{5}$　⑤$\frac{4}{9}$　⑥$\frac{3}{4}$

7 式　6×□＝48　答え　8人

8 ①　　　　　　　②

3 □にあてはまる数を書きましょう。 〔1もん　3点〕

① 1m = [＿＿＿] mm　　② 1000mL = [＿] L

4 □にあてはまる数を書きましょう。 〔1もん　3点〕

① 0.8cm = [＿] mm　　② 4mm = [＿＿] cm

③ 2.4cm = [＿] mm　　④ 51mm = [＿＿] cm

⑤ 0.9m = [＿] cm　　⑥ 30cm = [＿＿] m

⑦ 3.2m = [＿＿] cm　　⑧ 570cm = [＿＿] m

⑨ 1.7kg = [＿＿＿] g　　⑩ 6300g = [＿＿] kg

⑪ 4.8dL = [＿＿] mL　　⑫ 830mL = [＿＿] dL

⑬ 1.9L = [＿] dL　　⑭ 46dL = [＿＿] L

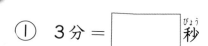 □にあてはまる数を書きましょう。 〔1もん　4点〕

① 3分 = [＿＿] 秒　　② 60秒 = [＿] 分

③ 1分6秒 = [＿＿] 秒　　④ 100秒 = [＿] 分 [＿] 秒

基礎力をつけるには くもんの小学ドリル が 強いみかた!!

スモールステップで、らくらく力がついていく!!

算数

計算シリーズ(全13巻)
- ① 1年生たしざん
- ② 1年生ひきざん
- ③ 2年生たし算
- ④ 2年生ひき算
- ⑤ 2年生かけ算（九九）
- ⑥ 3年生たし算・ひき算
- ⑦ 3年生かけ算
- ⑧ 3年生わり算
- ⑨ 4年生わり算
- ⑩ 4年生分数・小数
- ⑪ 5年生分数
- ⑫ 5年生小数
- ⑬ 6年生分数

数・量・図形シリーズ(学年別全6巻)

文章題シリーズ(学年別全6巻)

プログラミング
- ① 1・2年生
- ② 3・4年生
- ③ 5・6年生

学力チェックテスト

算数(学年別全6巻)

国語(学年別全6巻)

英語(5年生・6年生 全2巻)

国語

1年生ひらがな

1年生カタカナ

漢字シリーズ(学年別全6巻)

言葉と文のきまりシリーズ(学年別全6巻)

文章の読解シリーズ(学年別全6巻)

書き方(書写)シリーズ(全4巻)
- ① 1年生ひらがな・カタカナのかきかた
- ② 1年生かん字のかきかた
- ③ 2年生かん字の書き方
- ④ 3年生漢字の書き方

英語

3・4年生はじめてのアルファベット
ローマ字学習つき

3・4年生はじめてのあいさつと会話

5年生英語の文

6年生英語の文

くもんの算数集中学習　小学3年生 単位と図形にぐーんと強くなる

2020年2月　第1版第1刷発行
2024年4月　第1版第9刷発行

●印刷・製本　　TOPPAN株式会社
●カバーデザイン　辻中浩一＋小池万友美(ウフ)
●カバーイラスト　亀山鶴子
●本文イラスト　住井陽子・中川貴雄
●本文デザイン　坂田良子
●編集協力　出井秀幸

●発行人　志村直人
●発行所　株式会社くもん出版
　〒141-8488 東京都品川区東五反田2-10-2
　　　　　　東五反田スクエア11F
　電話　編集直通　03(6836)0317
　　　　営業直通　03(6836)0305
　　　　代表　　　03(6836)0301

© 2020 KUMON PUBLISHING CO.,Ltd Printed in Japan
ISBN 978-4-7743-3049-5

くもん出版ホームページアドレス　https://www.kumonshuppan.com/

※本書は『単位と図形集中学習 小学3年生』を改題したもので、内容は同じです。

小学 **3** 年生

単位と図形にぐーんと強くなる

別冊解答

・答え合わせは、1つずつていねいに見ていきましょう。

・まちがえた問題は、どこでまちがえたのかをたしかめて、
　できるようにしましょう。

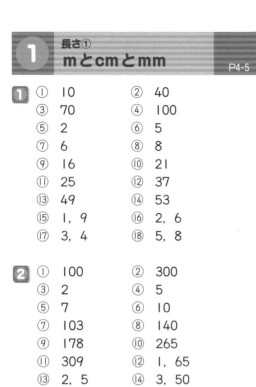

1 長さ① mとcmとmm P4·5

1
①	10	②	40
③	70	④	100
⑤	2	⑥	5
⑦	6	⑧	8
⑨	16	⑩	21
⑪	25	⑫	37
⑬	49	⑭	53
⑮	1, 9	⑯	2, 6
⑰	3, 4	⑱	5, 8

2
①	100	②	300
③	2	④	5
⑤	7	⑥	10
⑦	103	⑧	140
⑨	178	⑩	265
⑪	309	⑫	1, 65
⑬	2, 5	⑭	3, 50
⑮	5, 17	⑯	6, 94

！ポイント
mとcmとmmのかんけいは，きちんとおさえておきましょう。

2 長さ② まきじゃく① P6

1 ⑦

2 ⑦

！ポイント
まきじゃくによって，0の目もりのいちがちがうことがあります。気をつけましょう。

3 長さ③ まきじゃく② P7

1
① ア 36cm
② イ 64cm ウ 81cm
③ エ 53cm オ 95cm

！ポイント
このまきじゃくの1目もりは1cmです。

4 長さ④ まきじゃく③ P8

1
① ア 3m
② イ 5m ウ 6m
③ エ 7m オ 9m

5 長さ⑤ まきじゃく④ P9

1
① ア 1m63cm
② イ 1m87cm ウ 2m35cm
③ エ 3m8cm オ 3m94cm

！ポイント
いちばん小さい1目もりは1cmです。mのたんいを手がかりにして読みとりましょう。

6 長さ⑥ 長さしらべ P10·11

1
①	⑦	②	⑦
③	⑦	④	⑦

2
①	⑦	②	⑦
③	⑦	④	⑦
⑤	⑦	⑥	⑦

！ポイント
それぞれどのくらいの長さが思いうかべてみましょう。また，まるいものはまきじゃくをつかってはかります。

7 長さ⑦ km P12·13

1
①	3000	②	4000
③	1000	④	7000
⑤	8000	⑥	2000
⑦	6000	⑧	9000
⑨	5000		
⑩	7000		

2 ① 3　② 9
③ 6　④ 8
⑤ 2　⑥ 1
⑦ 7　⑧ 4

3 ① 8000　② 8
③ 5000　④ 3
⑤ 9　⑥ 7000

② 3, 5
③ 1, 361
④ 6, 43
⑤ 8, 194
⑥ 4, 2
⑦ 5, 57
⑧ 7, 938
⑨ 9, 6

8 長さ⑧
kmとm①　P14・15

1 ① 2500
② 2800
③ 6600
④ 4100
⑤ 7900
⑥ 9700
⑦ 5300

2 ① 3050
② 3055
③ 3550
④ 2007
⑤ 2407
⑥ 5320
⑦ 9040
⑧ 9983
⑨ 9032

┌─────────────────────────
！ポイント
●km ○m ＝●km＋○m
　　　　　＝●000m＋○m
└─────────────────────────

9 長さ⑨
kmとm②　P16・17

1 ① 1, 800
② 2, 100
③ 4, 600
④ 6, 300
⑤ 3, 900
⑥ 5, 700
⑦ 8, 500

2 ① 2, 80

10 長さ⑩
きょり　P18・19

1 ① 600m
② 700m

2 ① 1300m
② 1km300m
③ 1200m
④ 1km200m

11 長さ⑪
道のり　P20・21

1 ① 900m
② 850m

2 ① 1km200m
② 1km100m
③ 150m
④ 200m

┌─────────────────────────
！ポイント
2 ③ 1200mと1050mとのちがいをもと
めます。
④ 1100mと900mとのちがいをもとめま
す。
└─────────────────────────

12 長さ⑫
まとめ　P22・23

1 ① 道のり
② きょり

2 ① ア　94cm　　イ　2m
② ウ　3m65cm　エ　4m8cm
③ オ　5m30cm　カ　7m10cm

3
① 1000　② 5000
③ 4000　④ 9000
⑤ 3　⑥ 7
⑦ 2　⑧ 8
⑨ 1300
⑩ 4800
⑪ 2750
⑫ 7003
⑬ 5, 200
⑭ 3, 41
⑮ 8, 9

13 おもさ① はかり①
P24・25

1
① 200g　② 500g
③ 300g　④ 700g

2
① 400g　② 100g
③ 900g　④ 600g
⑤ 800g　⑥ 500g

14 おもさ② はかり②
P26・27

1
① 650g　② 150g
③ 850g　④ 450g

2
① 280g　② 940g
③ 510g　④ 470g
⑤ 790g　⑥ 360g

⚡ポイント
いちばん小さい1目もりが10gをあらわして
います。

15 おもさ③ はかり③
P28・29

1
① 10g　② 50g
③ 80g　④ 100g

2
① 250g　② 320g
③ 680g　④ 760g
⑤ 840g　⑥ 1kg

16 おもさ④ kg
P30・31

1
① 3000　② 7000
③ 6000　④ 1000
⑤ 4000　⑥ 5000
⑦ 9000　⑧ 8000
⑨ 2000

2
① 1　② 4
③ 7　④ 3
⑤ 6　⑥ 9

3
① 1000　② 5
③ 8　④ 6000
⑤ 9000　⑥ 2
⑦ 7000　⑧ 4

17 おもさ⑤ kgとg①
P32・33

1
① 1400
② 3600
③ 2900
④ 5100
⑤ 1800
⑥ 7200
⑦ 4500
⑧ 8300

2
① 1080
② 4005
③ 3762
④ 2018
⑤ 5041
⑥ 7009
⑦ 6160
⑧ 8057
⑨ 3630

18 おもさ⑥ kgとg②
P34・35

1
① 1, 500
② 2, 400
③ 3, 600

④ 6, 100
⑤ 4, 800
⑥ 5, 200
⑦ 8, 900
⑧ 7, 300

2 ① 1, 70
② 3, 1
③ 4, 160
④ 5, 93
⑤ 2, 605
⑥ 7, 9
⑦ 1, 20
⑧ 3, 947
⑨ 4, 18

19 おもさ⑦
はかり④
P36・37

1 ① 1kg100g ② 1kg650g
③ 1kg250g ④ 1kg580g

2 ① 1kg500g ② 2kg400g
③ 3kg600g ④ 3kg900g

!ポイント
いちばん小さい1目もりが20gをあらわして
います。

20 おもさ⑧
はかり⑤
P38・39

1 ① 68kg ② 92kg
③ 37kg ④ 54kg

2 ① 27kg500g ② 77kg500g
③ 62kg500g ④ 41kg500g
⑤ 70kg500g ⑥ 56kg500g

21 おもさ⑨
はかり⑥
P40・41

1 ① 600g ② 450g
③ 710g ④ 960g

2 ① 1kg300g ② 1kg620g

③ 1kg480g ④ 1kg880g
⑤ 1kg240g ⑥ 1kg560g

22 おもさ⑩
t
P42・43

1 ① 3000 ② 6000
③ 7000 ④ 1000
⑤ 4000 ⑥ 2000
⑦ 9000 ⑧ 5000
⑨ 8000 ⑩ 10000

2 ① 2 ② 7
③ 4 ④ 1
⑤ 9 ⑥ 5

3 ① 8 ② 3000
③ 9000 ④ 2
⑤ 4000 ⑥ 6
⑦ 7 ⑧ 5000

23 おもさ⑪
tとkg
P44・45

1 ① 1800
② 3150
③ 2400
④ 4623
⑤ 5900
⑥ 6200
⑦ 8700
⑧ 7514

2 ① 3010
② 1005
③ 4036
④ 2008

3 ① 3, 150
② 1, 92
③ 4, 8
④ 2, 704

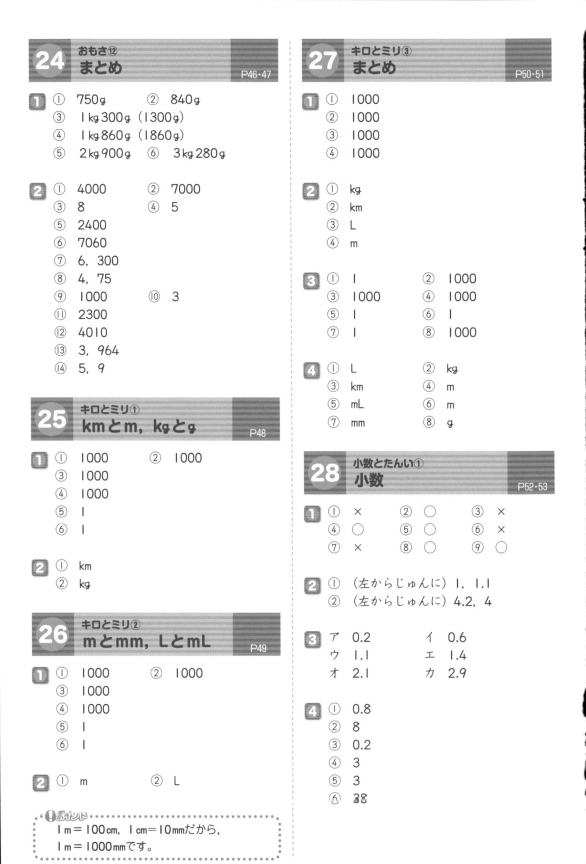

24 おもさ⑫ まとめ P46・47

1 ① 750g ② 840g
③ 1kg300g（1300g）
④ 1kg860g（1860g）
⑤ 2kg900g ⑥ 3kg280g

2 ① 4000 ② 7000
③ 8 ④ 5
⑤ 2400
⑥ 7060
⑦ 6, 300
⑧ 4, 75
⑨ 1000 ⑩ 3
⑪ 2300
⑫ 4010
⑬ 3, 964
⑭ 5, 9

25 キロとミリ① kmとm, kgとg P48

1 ① 1000 ② 1000
③ 1000
④ 1000
⑤ 1
⑥ 1

2 ① km
② kg

26 キロとミリ② mとmm, LとmL P49

1 ① 1000 ② 1000
③ 1000
④ 1000
⑤ 1
⑥ 1

2 ① m ② L

◊ポイント
1m＝100cm, 1cm＝10mmだから,
1m＝1000mmです。

27 キロとミリ③ まとめ P50・51

1 ① 1000
② 1000
③ 1000
④ 1000

2 ① kg
② km
③ L
④ m

3 ① 1 ② 1000
③ 1000 ④ 1000
⑤ 1 ⑥ 1
⑦ 1 ⑧ 1000

4 ① L ② kg
③ km ④ m
⑤ mL ⑥ m
⑦ mm ⑧ g

28 小数とたんい① 小数 P52・53

1 ① × ② ○ ③ ×
④ ○ ⑤ ○ ⑥ ×
⑦ × ⑧ ○ ⑨ ○

2 ① （左からじゅんに）1, 1.1
② （左からじゅんに）4.2, 4

3 ア 0.2 イ 0.6
ウ 1.1 エ 1.4
オ 2.1 カ 2.9

4 ① 0.8
② 8
③ 0.2
④ 3
⑤ 3
⑥ 38

29 小数とたんい② 小数とcm，mm① P54·55

1
① 2 ② 7
③ 4 ④ 1
⑤ 9 ⑥ 6

2
① 5
② 8

3
① 0.3 ② 0.8
③ 0.1 ④ 0.5
⑤ 0.9 ⑥ 0.4
⑦ 0.6 ⑧ 0.2

4
① 0.5
② 0.8
③ 0.4
④ 0.7

30 小数とたんい③ 小数とcm，mm② P56·57

1
① 14 ② 31
③ 29 ④ 57
⑤ 46 ⑥ 88

2
① 1，9
② 6，3
③ 3，2

3
① 1.7 ② 4.1
③ 5.4 ④ 8.2
⑤ 3.5 ⑥ 6.8
⑦ 2.3 ⑧ 7.6

4
① 1.2
② 4.8
③ 3.1

31 小数とたんい④ 小数とm，cm① P58·59

1
① 20 ② 80
③ 50 ④ 90
⑤ 60 ⑥ 30

2
① 70
② 30

3
① 0.5 ② 0.8
③ 0.3 ④ 0.2
⑤ 0.7 ⑥ 0.9
⑦ 0.4 ⑧ 0.6

4
① 0.8
② 0.4
③ 0.9
④ 0.6

32 小数とたんい⑤ 小数とm，cm② P60·61

1
① 130 ② 280
③ 420 ④ 690
⑤ 370 ⑥ 510

2
① 2，40 ② 1，50
③ 4，70 ④ 5，20
⑤ 3，90 ⑥ 6，10

3
① 1.8 ② 3.5
③ 6.2 ④ 4.7
⑤ 2.1 ⑥ 5.6
⑦ 9.9 ⑧ 7.4

4
① 2.5
② 3.8
③ 4.3

33 小数とたんい⑥ 小数とkg，g① P62·63

1
① 200 ② 700
③ 400 ④ 900
⑤ 100 ⑥ 500

2
① 300
② 800

3
① 0.2 ② 0.5
③ 0.4 ④ 0.9
⑤ 0.3 ⑥ 0.8

⑦ 0.6　　　⑧ 0.1

4 ① 0.7
② 0.4
③ 0.9
④ 0.6

34 小数とたんい⑦ 小数とkg, g②　P64·65

1 ① 1100　　② 2400
③ 4800　　④ 5300
⑤ 3900　　⑥ 7500

2 ① 3, 800
② 6, 200
③ 5, 500

3 ① 2.6　　② 4.2
③ 8.5　　④ 5.3
⑤ 1.4　　⑥ 3.7
⑦ 7.9　　⑧ 9.1

4 ① 1.5
② 3.9
③ 6.4

35 小数とたんい⑧ 小数とdL, mL①　P66·67

1 ① 30　　② 90
③ 70　　④ 40
⑤ 80　　⑥ 50

2 ① 20
② 70

3 ① 0.4　　② 0.3
③ 0.7　　④ 0.5
⑤ 0.8　　⑥ 0.2
⑦ 0.9　　⑧ 0.6

4 ① 0.3
② 0.6
③ 0.4
④ 0.7

36 小数とたんい⑨ 小数とdL, mL②　P68·69

1 ① 170　　② 210
③ 450　　④ 690
⑤ 380　　⑥ 540

2 ① 90
② 60
③ 30

3 ① 2.8　　② 4.1
③ 5.6　　④ 3.9
⑤ 7.5　　⑥ 1.2
⑦ 6.3　　⑧ 7.7

4 ① 1.8
② 4.9
③ 5.2

37 小数とたんい⑩ 小数とL, dL①　P70·71

1 ① 2　　② 7
③ 4　　④ 9
⑤ 6　　⑥ 5

2 ① 3
② 7

3 ① 0.2　　② 0.7
③ 0.6　　④ 0.9
⑤ 0.4　　⑥ 0.3
⑦ 0.8　　⑧ 0.5

4 ① 0.2
② 0.8
③ 0.3
④ 0.6

1 ① 13 ② 27
③ 49 ④ 36
⑤ 62 ⑥ 58

2 ① 4, 5 ② 8, 1
③ 3, 4 ④ 5, 3
⑤ 6, 7 ⑥ 2, 6

3 ① 1.9 ② 4.1
③ 5.7 ④ 3.8
⑤ 6.2 ⑥ 2.6
⑦ 7.8 ⑧ 8.3

4 ① 6.3
② 3.5
③ 8.1

1 ① 6 ② 9
③ 25 ④ 38
⑤ 0.7 ⑥ 0.4
⑦ 1.3 ⑧ 4.2
⑨ 70 ⑩ 540
⑪ 610 ⑫ 0.1
⑬ 1.6 ⑭ 7.8

2 ① 500 ② 4300
③ 0.3 ④ 2.9

3 ① 80 ② 130
③ 750 ④ 0.3
⑤ 4.7 ⑥ 9.2
⑦ 1 ⑧ 18
⑨ 33 ⑩ 0.6
⑪ 2.4 ⑫ 5.9

> **ポイント**
> それぞれもとになるたんいのかんけいをおさえておきましょう。
> **1** 0.1cm＝1mm，0.1m＝10cm
> **2** 0.1kg＝100g
> **3** 0.1dL＝10mL，0.1L＝1dL

1 ① 1秒 ② 10秒
③ 15秒 ④ 28秒

2 ① 1分15秒 ② 1分36秒
③ 2分24秒 ④ 2分5秒
⑤ 3分48秒 ⑥ 5分13秒

1 ① 180 ② 60
③ 360 ④ 240
⑤ 420 ⑥ 300
⑦ 120 ⑧ 480
⑨ 600 ⑩ 540

2 ① 1 ② 2
③ 4 ④ 6
⑤ 5 ⑥ 7

3 ① 120 ② 3
③ 10 ④ 300
⑤ 240 ⑥ 420
⑦ 9 ⑧ 8

1 ① 60 ② 70
③ 90 ④ 80
⑤ 100 ⑥ 120
⑦ 130 ⑧ 140
⑨ 160 ⑩ 150
⑪ 200 ⑫ 230
⑬ 250 ⑭ 330

2 ① 64 ② 69
③ 61 ④ 67
⑤ 63 ⑥ 68

3 ① 75 ② 103
③ 119 ④ 156
⑤ 142 ⑥ 182

⑦　211　　　　⑧　257

43 時こくと時間④ 分と秒③
P82・83

1
① 1, 30　　② 1, 50
③ 1, 10　　④ 1, 20
⑤ 2, 10　　⑥ 2, 40
⑦ 2, 20　　⑧ 2, 50
⑨ 2, 10　　⑩ 2, 30
⑪ 3, 20　　⑫ 3, 40
⑬ 3, 10　　⑭ 3, 30

2
① 1, 1　　② 1, 8
③ 1, 5　　④ 1, 9
⑤ 1, 2　　⑥ 1, 4

3
① 1, 15　　② 1, 29
③ 1, 42　　④ 1, 59
⑤ 2, 7　　⑥ 2, 1
⑦ 2, 24　　⑧ 3, 23

44 時こくと時間⑤ ○分後
P84・85

1
① 4時40分
② 11時
③ 3時10分
④ 6時30分（6時半）

2
① 6時35分　　② 2時5分
③ 10時5分　　④ 8時25分
⑤ 4時15分　　⑥ 9時35分

45 時こくと時間⑥ ○分前
P86・87

1
① 3時10分
② 6時
③ 10時50分
④ 8時30分（8時半）

2
① 11時5分　　② 2時25分
③ 4時45分　　④ 7時45分
⑤ 6時35分　　⑥ 3時25分

46 時こくと時間⑦ まとめ
P88・89

1
① 38秒　　② 27秒

2
① 7時　　② 11時5分
③ 2時　　④ 6時55分

3
① 60　　② 300
③ 480　　④ 2
⑤ 7　　⑥ 4
⑦ 100　　⑧ 190
⑨ 62　　⑩ 88
⑪ 151　　⑫ 2, 10
⑬ 3, 10　　⑭ 1, 6
⑮ 1, 51　　⑯ 2, 5

47 円と球① 円①
P90

1 あ, う

2
① 中心
② 半径

3
① 半径
② 同じ（等しい）

48 円と球② 円②
P91

1
① ウ
② ウ

2
① 直径
② 半径
③ 直径
④ 直径

49 円と球③ 円③
P92・93

1
① 2cm　　② 4cm
③ 8cm　　④ 18cm
⑤ 14cm　　⑥ 12cm
⑦ 20cm　　⑧ 30cm

⑨　36cm　　⑩　40cm

2　①　4cm　　②　10cm
　　③　2cm　　④　8cm
　　⑤　12cm　　⑥　15cm
　　⑦　1cm　　⑧　7cm

3　①　半径が8cmの円
　　②　半径が9cmの円

> **！ポイント**
> **3** 直径か半径のどちらかに長さをそろえて
> からくらべます。

---

50 円と球④
円④　　　　　　　　P94・95

1　①　7cm
　　②　10cm

2　①　8cm
　　②　12cm

3　①　直径…6cm
　　　　半径…3cm
　　②　直径…10cm
　　　　半径…5cm

4　①　直径…4cm　　半径…2cm
　　②　直径…8cm
　　　　半径…4cm

> **！ポイント**
> それぞれ直径や半径のいくつ分かを考えても
> とめます。

---

51 円と球⑤
円⑤　　　　　　　　P96・97

1　10cm

2　18cm

3　直径…20cm
　　半径…10cm

4　5cm

5　12cm

6　6cm

7　たて…10cm
　　よこ…30cm

---

52 円と球⑥
コンパス①　　　　　　P98・99

1　①　　　　　　②
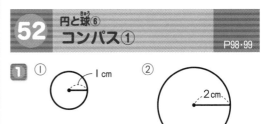

　　③　　　　　　④
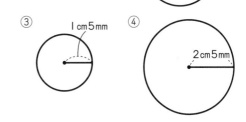

2　①
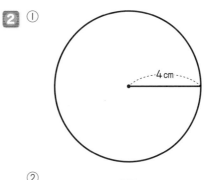

　　②
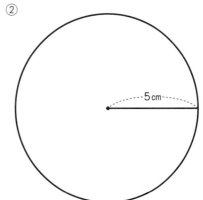

53 円と球⑦ コンパス②
P100・101

1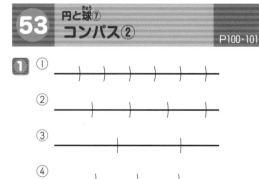
①
②
③
④

2
① ④

② ⑦

③ ⑦

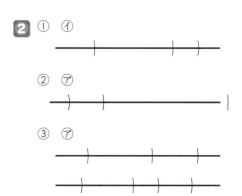

54 円と球⑧ 球①
P102・103

1
① 球
② 同じ（等しい）
③ 2

2
① 円
② （れい）半分に切ったとき。（球の中心をとおるように切ったとき）

3
① 中心
② 半径
③ 直径

4
① 8cm ② 14cm
③ 10cm ④ 22cm

5
① 1cm ② 6cm
③ 15cm ④ 13cm

55 円と球⑨ 球②
P104・105

1
① 6cm
② 3cm

2
① 8cm
② 4cm

3
① 24cm
② 8cm

4
① 8cm
② 4cm

5
① 16cm
② 8cm

56 円と球⑩ まとめ
P106・107

1
① 円 ② 2
③ 同じ（等しい）
④ 中心 ⑤ 円

2
① 6cm ② 22cm
③ 32cm ④ 50cm

3
① 6cm ② 20cm
③ 9cm ④ 17cm

4
① 27cm ② 24cm

5
① 10cm ② 5cm

57 三角形と角① 二等辺三角形
P108・109

1
① 二等辺三角形
② 二等辺三角形

2 ① あ 3cm ⓘ 6cm ⑤ 5cm
　　　 え 4cm お 4cm か 7cm
　　② ⓘ

3 ⓘ, ⓦ

---

58 三角形と角②
正三角形　　　　P110・111

1 ① 正三角形
　　② 正三角形

2 ① あ 4cm ⓘ 4cm ⑤ 4cm
　　　 え 6cm お 5cm か 5cm
　　② ⑦

3 ⓘ, ⓦ

┌─ ！ポイント ─────────────────┐
│ **2** ②　ⓘは二等辺三角形です。
│ **3**　⑦は直角三角形, ⓔ, ⓞは二等辺三角形
│ です。
└──────────────────────────┘

---

59 三角形と角③
二等辺三角形のかき方　　P112

1 ①

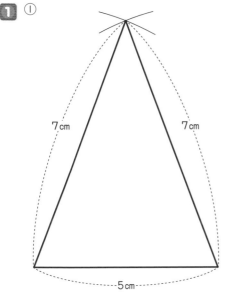

---

②

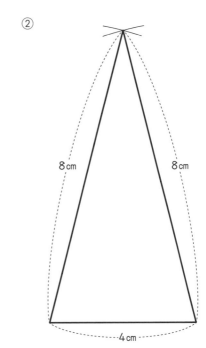

---

60 三角形と角④
正三角形のかき方　　　P113

1 ①

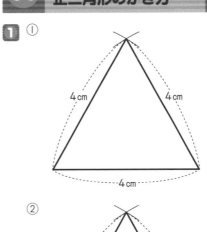

②

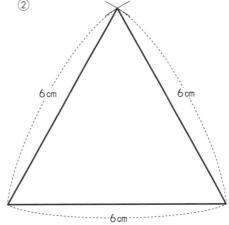

61 三角形と角⑤ 円と三角形 P114・115

1. ① 二等辺三角形
   ② 二等辺三角形

2.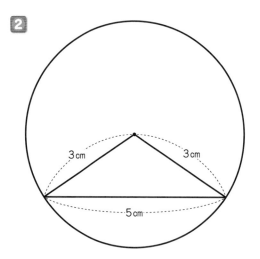

3. 半径，3，中心

4.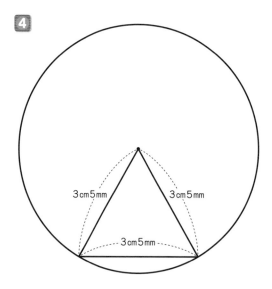

62 三角形と角⑥ 角 P116・117

1. ① 角
   ② 大きさ
   ③ 辺

2. ㋓

3. ㋐ 辺
   ㋑ ちょう点
   ㋒ 辺
   ㋓ 角

4. イ→エ→ア→ウ

5. ㋑→㋓→㋐→㋒

63 三角形と角⑦ 二等辺三角形と角 P118

1. ① 2
   ② 2

2. ① ㋒
   ② ㋓

64 三角形と角⑧ 正三角形と角 P119

1. ① 3
   ② 3

2. ① ㋑と㋒
   ② ㋐と㋑

> **！ポイント**
> 2 正三角形なので，角の大きさはみんな等
> しくなっています。

65 三角形と角⑨ 三角じょうぎと三角形 P120・121

1. ① ㋐と㋓
   ② ㋔
   ③ ㋔

2. ① 二等辺三角形
   ② 直角三角形
   　（二等辺三角形，直角二等辺三角形）
   ③ 正三角形

①
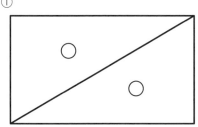

②
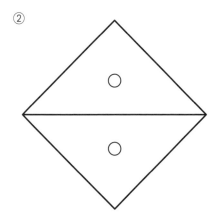

ポイント
③ 長方形は4つの角が直角になります。正方形は4つの辺もみんな等しくなります。

66 三角形と角⑩ まとめ
P122・123

1 二等辺三角形，正三角形

2 ①
（れい）
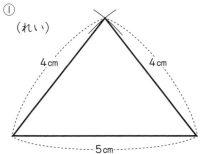

②
（れい）
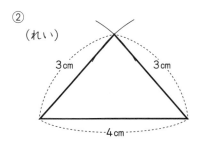

③
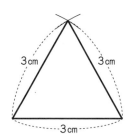

④
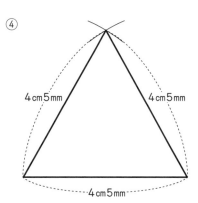

3 ① 二等辺三角形
　② 2cm5mm

4 二等辺三角形…㋐，㋔
　正三角形…㋑，㋓

5 ① 二等辺三角形
　② 10cm

67 3年のまとめ①
P124・125

1 ア　4m23cm
　イ　4m65cm
　ウ　5m
　エ　5m15cm

2 ① 350g　② 870g
　③ 1kg500g　④ 3kg100g

3 ① 28秒　② 46秒

4 ①

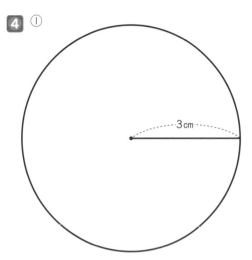

②

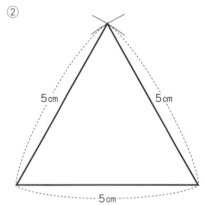

5 ① 0.7
② 17

③	24	④	5.1
⑤	90	⑥	0.3
⑦	320	⑧	5.7
⑨	1700	⑩	6.3
⑪	480	⑫	8.3
⑬	19	⑭	4.6

5 ① 180 ② 1
③ 66 ④ 1, 40

68 3年のまとめ②

P126・127

1 ① 2000 ② 5
③ 1100
④ 2009
⑤ 3, 400
⑥ 7, 2

2 ① 4000 ② 2
③ 3008
④ 1, 90
⑤ 7000 ⑥ 9

3 ① 1000 ② 1

4 ① 8 ② 0.4

2404R9